Deciding the Power of the Destiny

决定命运的力量

阿卡狄亚 / 编著

时代出版传媒股份有限公司
安 徽 教 育 出 版 社

图书在版编目（CIP）数据

决定命运的力量 / 阿卡狄亚编著. -- 合肥 : 安徽教育出版社, 2012.9
ISBN 978-7-5336-6947-8

Ⅰ. ①决… Ⅱ. ①阿… Ⅲ. ①人生哲学—通俗读物
Ⅳ. ①B821-49

中国版本图书馆CIP数据核字(2012)第224161号

书　　名：决定命运的力量　　作　　者：阿卡狄亚
出 版 人：朱智润　　策　　划：阿卡狄亚　　策划编辑：刘　华
责任编辑：姜　好　　装帧设计：江山社稷

出版发行：时代出版传媒股份有限公司 http：//www.press-mart.com
安徽教育出版社 http：//www.ahep.com.cn
（合肥市繁华大道西路398号，邮编230601）
营销部电话：（0551）3683010,3683011,3683015
印　　刷：山东临沂新华印刷物流集团　电话：0539-7328668
（如发现印装质量问题，影响阅读，请与印刷厂商联系调换）

开　　本：710mm×1000mm 1/16　　印　　张：15　　字　　数：200千字
版　　次：2013年6月第1版　　2013年6月第1次印刷

ISBN 978-7-5336-6947-8　　定　　价：36.00元

目录
contents

Part1
001

珍惜友情：给他人多一些关爱

Part2
061

尊重他人：拒绝冷漠，传递爱心

Part4 / 175

积极的心态：让生命的光辉永存

第一章
Part1

珍惜友情：给他人多一些关爱

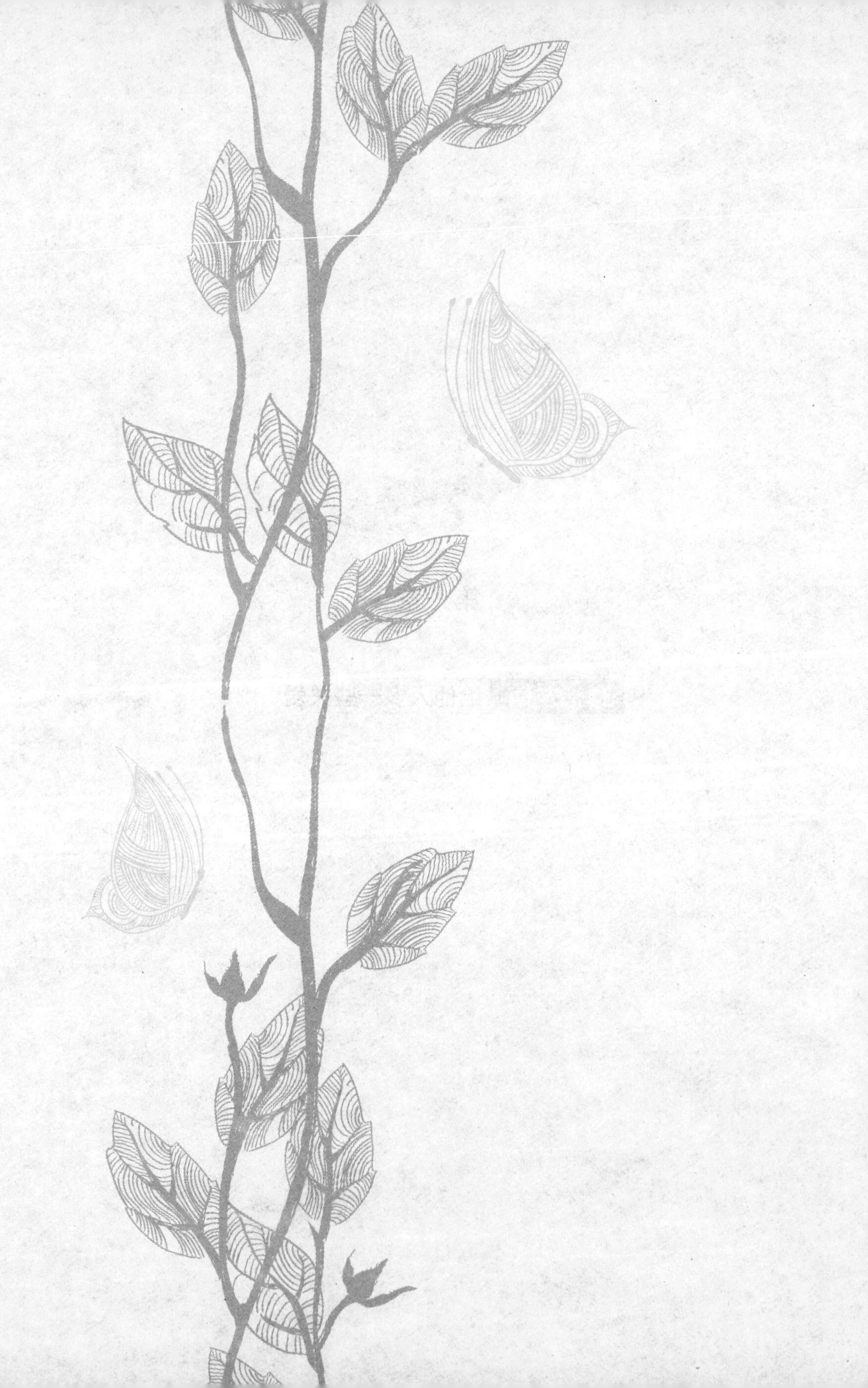

刑场上的真情

阅读使人充实，会谈使人敏捷，写作与笔记使人精确……史鉴使人明智，诗歌使人巧慧，数学使人精细，博物使人深沉，伦理之学使人庄重，逻辑与修辞使人善辩。

——培根

公元前四世纪，意大利有一位名叫阿尔弗雷德的年轻人，由于犯一个错误，惹怒了国王。阿尔弗雷德被判绞刑，行刑日期定在了某个法定的日子。

为此，阿尔弗雷德感到最对不起的人就是自己的母亲，因为他的错误，无法给远在千里之外的母亲养老送终。为此，阿尔弗雷德希望在临死前能与母亲见上最后一面，以表达对母亲的歉意。

国王听了他的这一要求后，感其诚孝，允许他回家与母亲相见，但有一个条件，就是阿尔弗雷德必须找到一个人来代替他坐牢，否则，他无法实现这一愿望。

这个条件看似简单，但真正做起来，却是很难实现的。想一想，有谁愿意冒着生命危险替别人坐牢呢？这不是自寻死路吗？但是，患难时刻见真情。在茫茫人海中，阿尔弗雷德的朋友达蒙非常信任他，甘愿替他坐牢，也要满足朋友临终前的心愿。

按照阿尔弗雷德与国王的约定，达蒙住进了牢房。阿尔弗雷德只身前往回家的途中，与母亲见最后一面。

当地人都关注着事态的发展，时光飞逝，阿尔弗雷德一直没有回来，就像消失了一般。眼看刑期在即，还是没有一丝回来的迹象。百姓一时间议论纷纷，都说达蒙被阿尔弗雷德骗了，都替他感到惋惜。

行刑的那天，天空下起了雨。当达蒙被押赴刑场之时，围观的人有的笑他愚蠢，有的替他伤心，当然，幸灾乐祸的也大有人在。但是，刑车上的达蒙根本不在乎这些，他没有露出一丝后悔的表情，不畏惧死亡。在他脸上的，反而是一种慷慨赴死的豪情，因为他相信他的朋友。

当被绞刑的指令发出时，追魂炮立即被点燃，绞索也已经挂在了达蒙的脖子上。胆小的人吓得闭紧了双眼，在他们心里，不知骂了阿尔弗雷德多少次，都痛恨那个出卖朋友的小人。但是，百姓更为达蒙感到惋惜。

在行刑场上，在滂沱大雨之中，就在这千钧一发之际，阿尔弗雷德飞奔而来，他高声叫喊着："我回来了！我回来了！"

这一幕可以称得上是人世间最感人的一幕，围观的群众都以为自己在做梦。但事实不容怀疑，他们亲眼看到了阿尔弗雷德向刑场奔去。这个消息宛如长了一对翅膀，很快就传到了国王的耳朵里。国王听到这一消息，简直不敢相信。

于是，国王亲自赶到刑场，他要亲眼看到阿尔弗雷德。在国王的心里，以自己有这样一位优秀的子民而感到自豪。国王被阿尔弗雷德对朋友的情谊感动了，亲自为他松了绑，并赦免了他的罪。

这是一个真实的感人故事，阿尔弗雷德对朋友的情谊震撼了人们的灵魂。千百年来，人们给"朋友"一词下了很多定义。但是，有关"朋友"的解释，其实只需两个字，那就是“信任”。

是啊，朋友间最需要的就是信任，能破坏朋友情谊的也是信任。达蒙正是出于对朋友的信任，才甘愿冒死替阿尔弗雷德坐牢；也正是出于对朋友的情谊，阿尔弗雷德没有做逃兵，在最后时刻信守承诺，赶回了刑场。

心灵直通车：朋友之间需要信任，那么，信任的基础是什么呢？是朋友之间的了解与欣赏。朋友间的信任，正体现了这种高贵的品质，也是这种高贵品质的升华。如果我们对朋友是真诚的，把自己的信任完全交付给朋友，那么，我们就赢得了人生的友谊。请珍惜我们身边每一位真诚的朋友吧。

第五发子弹

痛苦的秘密在于有闲工夫担心自己是否幸福。

——肖伯纳

约翰、詹姆斯和威尔斯是三个很要好的朋友。一天，三人决定徒步穿越沙漠。他们收拾好行囊，一起上路了。

可是，天有不测风云，三人被困在了沙漠中。他们带来的食物已经全部吃完，已经有三天三夜没有喝水了。为了活下去，他们决定分头去寻找水源。为了不让队友迷路，他们约定如果有人发现了水源或是需要帮助，就朝天鸣枪，其他人必须立刻赶来相救。

于是，三人分别装上五发子弹，腰里别上手枪，独自朝着不同的方向出发寻找水源。

约翰向东走了大约五公里，便越发地口渴，他再也走不动了。当时，正值中午，太阳火辣辣地烤着大地上的一切。

约翰想，必须朝天打一枪，他们听到枪声，一定会来救我的，要不然，我非死在这里不可。于是，他抽出腰间的手枪，毫不犹豫地朝天打了第一枪。

过了很长时间，约翰的朋友并没有前来救助。他很失望，心想，一定是他们没有听到自己的枪声。于是，他朝天打了第二枪。

第二声枪响过了好一阵子，约翰仍然不见朋友的身影，他开始着急了。他知道，朋友一定听见了枪声，可就是不来救我，他们这是见死不救，这一定是他们两个计划好的阴谋。约翰这样想着，便开始往回走，朝天放了第三枪。

打出第三发子弹后，约翰加快了步伐，他想尽快回到原地，并在心里咒骂起同伴来：这两个谋财害命的家伙，他们设计好了圈套让我来钻。我要是死了，他们就能分我的财产，霸占我的房子。我要诅咒他们找不到水，全都渴死，热死在沙漠里，尸体还要被狼吃掉。

“砰——”的一声，约翰打出了第四发子弹。

第四声枪声响后，约翰仿佛看到自己被困在沙漠之中，无法继续前行，孤身与一只凶残的恶狼打斗。最后，他感到有几十只恶狼带着凶狠的目光朝他扑来，它们伸着长长的舌头，在撕咬自己的身体……

“砰——”

约翰把弹夹中的最后一发子弹也打了出去。

詹姆斯和威尔斯都找到了泉水，当他们带着凛冽的泉水从远方汇聚到枪声响过的地方时，他们惊讶地发现，约翰早已倒在地上，他把最后一发子弹射进了自己的头颅里。

心灵直通车： 朋友间真正的信任只能存在于高尚的人群中，一个连朋友都信不过的人更不可能相信自己。因为，他认为自己对朋友的真诚没有得到回报，他对朋友失去了信心。其实，故事中约翰的朋友并没有见死不救。詹姆斯和威尔斯在找到水源后，奋不顾身地前去救助约翰，只是约翰已经失去了对朋友的信任。他是一个闭塞的人，这种人的前途是可悲的，他只能一个人战斗，孤独地走向死亡。

棉衣的价值

生命的最大用处是将它用于能比生命更长久的事物上。

——詹姆斯

冬天快要到了，乔治打算为自己买一件能过冬的衣服。

乔治利用周末的时间去逛街，没逛多久，他就看中了一件棉衣。询问过价格后，一家要五十五美元，另一家要六十美元。他一时拿不定主意，想再逛几家店。

于是，乔治沿着大街走，每一家店他都要进去看看。

正巧，他在其中一家店里遇上了从前的同事迈尔斯。

迈尔斯由于工作不努力，被老板炒了鱿鱼，失业后，他因生活所迫，做起了服装生意。很长一段时间，他都没有和以前的同事联系。

迈尔斯看见乔治走进自己的店，先是亲热地拥抱乔治，大呼小叫了一阵，还互相交换了电话号码。在外人看来，迈尔斯和乔治应该是很要好的朋友。乔治也因为与老同事久别重逢而感到高兴。

两人谈笑了半天。正巧，乔治看见迈尔斯的店里也挂着他刚才看中的那款样式和质地一样的棉衣，他连价都没问，就让迈尔斯给他装了起来。

还没等乔治询问价格，迈尔斯就张口说："我哪能赚朋友的钱啊，你就给个进价吧，一百美元。"

乔治听了这番话，脸上原有的笑容由于惯性的作用一时无法收回，仍然洋溢在脸上，但内心却充满了矛盾。他艰难地从钱包里拿出一张崭新的一百美元，轻轻地放在迈尔斯面前的柜台上。

从那以后，乔治和迈尔斯都没有拨通过对方的电话。那件他相中棉衣，乔治也一直没有穿过。

心灵直通车： 棉衣可以抵御冬天彻骨的寒冷，但一颗冰冷的心要想变得温暖，只能靠人与人之间的情谊。一百美元虽然不多，但它完全可以毁掉一段友谊。一段被毁掉的友谊，是用多少个一百美元也无法买回来的。

无言的父爱

任何人都不是完整的，他的朋友是他的其他部分。

——福斯迪克

小杰森一家三口相处得很融洽。杰森的父亲是个不善言语的人，他不懂得如何表达自己对家人的爱。使杰森一家人关系融洽的是妈妈。杰森的父亲每天只是上班下班，两点一线，而妈妈负责把杰森每天犯的错误列成清单，然后由父亲来责骂他。

有一次，杰森在一家小商店里偷了一块糖果。父亲知道后，命令杰森把糖果送回去，还要告诉老板这糖果是自己偷来的，并且愿意替他做一些事情作为赔偿。但妈妈心里清楚，杰森还只是个孩子。

一次体育课上，杰森在运动场上玩秋千，一不小心跌倒在地上，腿部骨折了。妈妈守在杰森身边，在前往医院的途中，妈妈一直抱着他。

父亲把汽车停在了急诊室门口，医院的工作人员让他停到停车场去，说他现在停车的地方是留给紧急车辆停放的。父亲听了，生气地嚷道：“你以为我这是什么车？难道我是来这儿旅游的吗？”

在杰森的生日会上，父亲扮演的角色更像是一个佣人。因为他只是忙于准备晚饭、吹气球、买蛋糕、布置餐桌、打扫卫生。而生日蜡烛插在蛋糕上，并且送到杰森面前的，永远是妈妈。一天，杰森的朋友在翻阅相册时，问道：“你爸爸长什么样子？怎么看不见他的照片呢？”事实上，杰森的父亲总是忙着为儿子和妻子拍照。妈妈和杰森快乐的瞬间全被父亲拍了下来。

杰森清楚地记得，妈妈让父亲教他骑自行车。杰森千叮咛万嘱咐，不让爸爸松手，但爸爸却说，现在到了放手的时候了。杰森狠狠地摔倒之后，妈妈焦急地跑过来扶着他，爸爸却拦着，不让她管。当时，杰森生气极了，下定决心要学会骑自行车，给爸爸看看。于是杰森爬起来，拍了拍身上的灰尘，骑上自行车给他看。父亲只是露出一丝微笑。

杰森念大学时，所有的家信都是妈妈写的。父亲除了每个月寄给他生活费以外，还寄过一张明信片。在明信片中，父亲说由于杰森很长时间没有在院子里的草坪上踢足球了，所以他家的草坪非常肥沃，看起来美极了。

每次杰森给家里打电话，父亲似乎都想和杰森说上几句，但最后总是说：“我让你妈来接电话。”

杰森结婚的那天，只有妈妈掉了眼泪。父亲只是大声地擤了擤鼻子，一句话也没说，就走出了房间。

杰森从小到大，父亲一直在严厉地对他说：“你要去哪儿？”“什么时候回家？”“放学早点回来。”“不行，不许去！”

杰森的父亲完全不知道该如何表达对儿子的爱。除非……

朋友们，杰森的父亲是不是已经表达了自己的爱，而杰森却没有察觉到呢？

心灵直通车：表达爱的方式并不需要温暖的话语或是热情的动作，我们甚至可以用粗野的举止和无言来将其掩饰。也许，真正爱你的人不善于表达爱，也许是他们不好意思直接表达对你的爱。所以，无论是哪一种爱，请学会珍惜它、尊重它。

狗的情谊

一切好的东西都是便宜的，所有坏的东西都是非常贵的。

——梭罗

有一位名叫奥斯顿的老兽医，生活在德国南方的一个小镇上。

一天，奥斯顿医生的朋友比尔，匆匆赶到他工作的兽医院。比尔怀里抱着他养的大黄狗凯奇，只见凯奇的爪子和身上都是血和伤口。

比尔告诉奥斯顿，凯奇独自在家，很无聊，便想翻墙去比尔的工厂玩，可是，工厂的墙头上布满了锋利的铁丝网，铁丝把凯奇的爪子和肚皮全都划伤了。

奥斯顿医生看到受伤的凯奇，立刻给它打了一针麻药，小心翼翼地为它清理伤口，缝了几针后，又包上了厚厚的纱布。最后，奥斯顿医生找来了一辆手推车，帮助比尔把凯奇送回家。

凯奇的伤口很快就痊愈了，虽然它还像以前一样调皮，但是再也不敢去碰围墙上的铁丝网了。

一年后，一个很平常的日子，奥斯顿医生忙了一天，正准备回家时，突然听到门上有爪子划门的声音。奥斯顿医生打开门一看，原来是凯奇，可是没有发现它的主人。

凯奇一见门开了，就摇着尾巴走了进来。奥斯顿医生这才发现，凯奇的身后还跟着一条小黑狗，又瘦又脏。一看就知道，这条小黑狗是一条无家可归的野狗，它的身子一直在发抖，怯生生地跟在凯奇后面。

小黑狗东瞅瞅、西看看，一瘸一拐地走了进来，在它的脚下，留下了两行血印。

奥斯顿医生立刻明白了凯奇的意思，他想，一定是凯奇在外面玩耍的时候遇见了这只小黑狗，发现它的脚受了伤，便想起去年为自己受伤时治疗的奥斯顿医生。于是，它就带着这条小黑狗找上门来了。

奥斯顿轻轻抱起受伤的小黑狗，把它放在手术台上，认真观察伤口后，发现它的脚上深深地扎进了几根荆棘，陷进了肉里。由于荆棘陷在肉里的时间过长，伤口已经发炎了，伤势一天比一天糟糕。

奥斯顿医生开始为小黑狗治疗，一根一根地把扎在肉里的荆棘拔了出来，并把脓血清理干净。在整个治疗过程中，凯奇一直伸着长脖子，坐在旁边目不转睛地看着，喉咙里还时不时地发出一些声音，好像是在安慰手术台上的小黑狗，告诉它不要害怕。

治疗结束后，奥斯顿医生把小黑狗抱下来，打开门，让它们出去玩。他看着眼前的两只狗，一大一小，一黄一黑，慢慢地消失在了美丽的夜色中。

心灵直通车：大黄狗凯奇救了小黑狗，连狗都知道帮助同类，这是一种伟大的友谊。朋友之间的情谊，是在你哀伤时的一针缓和剂，是在你有压力时的发泄口，是遇到危险时的避难所。那么，对于自然界中最高级的动物——人，还有什么理由不去珍惜伟大的友谊呢？

恰当的帮助

真正的敏捷是一件很有价值的事。因为时间是衡量事业的标准，正如金钱是衡量货物的标准。

——培根

艾米丽小姐在波士顿出差，办完事后，要迅速返回位于纽约德士区的公司。于是，艾米丽匆匆忙忙地买了一张火车票，高兴地踏上了这辆快速列车。

不幸的是，艾米丽上车后，发现这班列车在德士区站不停。如果这样的话，她就要耽误返回公司的时间，更重要的是，会耽误很多工作。

无奈之下，艾米丽找到这趟火车的列车长，她苦苦哀求，希望列车能为她破一次例，在德士区站停一下，哪怕停半分钟，只要让她能下车就行。

列车长听了艾米丽的请求，为了不违反规定，断然拒绝了她，表示这是上面的规定，他不能擅自违规停车。

但是，列车长想到了一个非常好的办法，就是在列车即将抵达德士区站的时候，尽量把车速放慢一些，好让她能够跳下去。

同时，列车长还给了艾米丽一个建议——就是由于人体惯性的关系，在艾米丽跳下车之后，必须向前跑一段距离。只有这样，才不会因为火车上的速度，而让自己跳下车时不慎摔倒。

列车行驶到了德士区站，当时的速度果然非常缓慢。随着列车的缓缓进站，艾米丽奋力向车外一跳！

当她双脚着地后，便立刻开始向前跑，在跑步的过程中，慢慢卸掉惯性的作用。

如果不了解情况，看看这时的艾米丽，从她一边跑一边看着列车的动作来看，就像是在目送火车的缓缓离去。

而就在这时，艾米丽的行为被列车上的一名乘客看见了，这名乘客突然从她的背后用力一提，一下子把艾米丽拉上了车。

这名乘客以为帮助了她，便笑着对艾米丽说："小姐，你能在这里遇见我，真是幸运啊！你知道吗？这趟列车在德士区站是不停车的，还好有我把你拉了上来……"

面对路人这样的热情，艾米丽简直无言以对。

心灵直通车： 在生活中的某些时刻，有些人却不一定希望得到别人的帮助，即使他此时正深陷入人生的低潮中。也许，我们身边有很多陷于困境的朋友正固执地生活在自己温暖的象牙塔中，他们正在认真学习，努力地朝着永远没有出路的牛角尖钻。又或许，我们会出于朋友的情谊，在不经意间像那个火车上的好心人一般，向身边的朋友伸出援助之手，但换来的却是对方的敌视。直到这一切发生，我们才明白，原来，向别人伸出援助之手也是需要智慧的。

赌气的后果

人需要真理，就像瞎子需要明快的引路人一样。

——高尔基

在纽约市中心，有一对年轻的情侣名叫卡尔和玛瑞莲，两人谈了三年的恋爱，彼此珍惜，他们都认为找到了自己人生中的“另一半”，两人幸福地生活着。身边的朋友和邻居们都非常羡慕他们，并以他们为生活中的楷模来教育自己的家人。

突然有一天，这对甜蜜的恋人约在一家咖啡厅见面。那天，卡尔迟到了二十分钟，这是他们交往的三年中，卡尔第一次迟到。

玛瑞莲心里非常着急，严肃地审问卡尔为什么迟到。可卡尔呢，不知道在跟谁生气，一听女朋友这么审问自己，便也发起了火：“你有什么资格审问我呀？我有自由的权力，为什么所有事情都要向你汇报呢？”

玛瑞莲本来就一肚子的火，再听男朋友这么指责自己，一气之下，愤怒地将桌子上的一杯咖啡泼在了卡尔身上，转身就离开了。卡尔气得火冒三丈，也没有跑出去追。

从那以后，玛瑞莲一直等着卡尔前来向她道歉。但是，卡尔却迟迟没有出现。玛瑞莲心里有些着急，便给卡尔的家里打电话，却一直没有人接。玛瑞莲不知如何是好，但是出于面子问题，再加上自己理亏，她一直没好意思亲自去找卡尔。

其实，卡尔那段时间由于工作原因，出差去了华盛顿。本来他打算在临走之前给玛瑞莲打个电话，但是，被泼了一身咖啡的他始终没有咽下心中的恶气。所以，卡尔一赌气，便连招呼也没打就离开了。

半个月以后，卡尔的气已经消了，他在外地工作，每天忙得晕头转向，也不方便打电话，一心想着回来后再联系玛瑞莲。但是，等卡尔回到纽约后，身边的一切都变了。玛瑞莲与卡尔赌气，结交了新的男朋友。

卡尔听到这个噩耗以后，不分青红皂白，便给玛瑞莲写了一封绝交信，然后离开了纽约，前往西雅图。

卡尔这一走就是半年，当他再次出现在玛瑞莲面前时，这位美丽的姑娘已经成为了别人的新娘。

卡尔在玛瑞莲的婚宴上，痛苦地喝醉了，他一边哭一边说："那天我迟到，是因为我着急见你，开车超过了限速，被警察拦了下来，争辩了很长时间，所以耽误了。见到你的时候，我本来希望得到你的安慰，可是还没等我解释，就被你的那些话顶了回来！"

心灵直通车：相爱的人既然在一起，就要给彼此一些个人空间，不要把对方完全掌握在自己的股掌之中，不要让对方感到压抑。否则，即使两个人爱得再深，也会产生深深的怨恨。我们千万不要因为生活中的一些小误会而错失自己人生中的另一半。没有什么事情是说不清楚的，只要把误会向对方解释清楚，任何困难都不会影响双方的感情。生气和冷战是解决不了问题的。双方一旦赌气，那么，我们将得不到一丝挽回的余地。

改变世界的力量

人生是介于过去与未来之间的一瞬。

——卡莱尔

在英国的一个小山村，一位男子周末带着他的孩子在小溪边野餐。孩子一不小心，不幸跌倒在水流湍急的小溪里，周围的人一时惊慌失措，不知如何是好。这时，一个叫弗莱明的乡下小男孩见到这种情形，奋不顾身地跳进溪水中，一把抓住溺水的孩子，拉着他上了岸。这名男子心里万分感激弗莱明的见义勇为，当即对弗莱明许下一个承诺，将为弗莱明付他一生中所有的学费。

三十年后，弗莱明凭借自己的努力与那名男子的经济支持，在当地一所知名的大学中担任起了研究工作，主要负责关于细菌培养的医学实验。

当时的医疗科技还处于萌芽阶段，再加上弗莱明负责的是细菌培养工作，可以说是难上加难，经常会因为存放细菌的温度控制不当，从而使容器中的培养液发霉。培养液一旦发霉，就必须全部丢弃，并且需要重新再做一次实验。

弗莱明和同事们在研究的过程中，每次遇到这种情况，他的同事们都会满腹牢骚、怨天尤人。

可弗莱明与他们不一样，他并没有将发了霉的培养液扔进垃圾桶，而是将其透过显微镜，不断地观察。因为他想知道，为什么发了霉的培养液就不能再被人们使用了。

经过多次的研究与观察，弗莱明终于在显微镜下清楚地看到了侵入培养容器中的霉菌，它正在不停地吞噬培养液中的细菌。

通过这一现象，弗莱明从中得到了启发，并于公元1929年，在被同事们大量舍弃的培养液容器中，成功地提炼出了可以对抗致命病菌的“青霉素”，也就是我们今天医学界不可缺少的“盘尼西林”。

不久，英国首相丘吉尔不幸患上肺炎，这种病在当时足以致命。所有的医生都对这种病毒束手无策。

于是，有人向他推荐一种新药物——青霉素，也许可以治疗他的肺炎。

但是，一向固执的丘吉尔并不相信这种新药，他不想成为试验新药的小白鼠，直到他知道发明“青霉素”的研究者是弗莱明后，他才同意试药。为此，他是这么解释的：“如果是弗莱明研制出来的，那么我愿意试试。毕竟，在我很小的时候，他曾经救过我的命，我想，这次他也应该不会把我害死。”

弗莱明从不断的失败中研究出了拯救世人的一剂良药，第二次救了丘吉尔的命。而丘吉尔在第二次世界大战期间，领导英国军民，成功击败了德军，粉碎了纳粹德国称霸世界的野心。

弗莱明在困境中付出的努力，间接地改变了整个世界的命运，起着不可小觑的作用。

心灵直通车：生活就是如此，人的命运也是如此。我们共同生活在这个世界上，在彼此的关爱与付出中受益，在朋友间的帮助与支持下不断前进，在共同的努力下携手走向美好的明天。

一份平凡的礼物

世俗有“时间是金钱”这句话，所以窃取他人时间的小偷，当然该加以处罚，即使是那些愉快的好人，还是该如忌讳疾病一样躲避他们。

——卡耐基

在一个平凡的圣诞节，司考特收到了朋友送来的一件不平凡的礼物——一块手掌心大小的蓝色塑料片，里面镶嵌着一个形状不规则的蓝、绿、褐色相间的云母片，和一些外形与鱼儿的轮廓相似的东西。从外表上看，这个塑料片没有什么意思，而且样子也不是很漂亮，既不能使用，又不能当摆设。司考特谢过了朋友之后，就把它遗忘在了一边。

过了一段时间，一天，司考特为存放新买来的东西需要腾出一个空间。于是，他拿出了那个盒子，因此，他又看了一眼这个不起眼的礼物。不经意间，司考特发现这个塑料片的一端有一个钩子，盒子下面印着一行说明文字：将此物品挂在向阳的窗户上。

司考特非常好奇，他走进厨房，将这件礼物挂在了一扇窗户上，这里采光非常好，几乎能吸收一整天的阳光。

这时，令司考特震惊的事情出现了，当他把塑料片挂在窗户上时。五光十色立刻涌进了他的厨房，透过海蓝色的椭圆弧形，随着阳光的不断移动，这个小小的海底世界由碧绿色渐渐变为深蓝色，又从深蓝色变成紫罗兰色，这五光十色充满了潮汐起伏的无穷魔力与韵味。在司考特的厨房窗户上，挂着这么一件物品，它将司考特带进了一个与世隔绝、微光闪烁的海底世界。

在那个圣诞节，司考特没有及时发现这份不平凡的礼物，因为他没有真正明白一个道理，如果我们能够恰当地利用一件表面上看起来不起眼的东西，那么，即使它再平凡，也会显示出它不一样的韵味。

司考特将这件礼物一直挂在窗口，因为它每天都在提醒司考特，要有一双善于发现的眼睛，多花一点时间去发掘身边的人和事，发现那些隐藏的内在美。

心灵直通车：一份不平凡的礼物往往得不到人们的重视，人们很难在平凡的事物中发现它自身包含的美。其实，只要我们用心去观察，再加上一双慧眼，我们就会发现，美无处不在。如果有谁在一个地方发现了还没有被别人发现的平凡角落中的内在美，那么，谁就是世界上最幸福的人。

一副眼镜

人的智慧掌握着三把钥匙，一把开启数字，一把开启字母，一把开启音符。知识、思想、幻想就在其中。

——雨果

佩吉拉是一名木匠。

一天，佩吉拉正在为教堂赶制一批板条箱，这些箱子是用来装衣服的，并且要运到中国的孤儿院帮助那些孤儿。佩吉拉忙碌了一天后，在回家的路上，正好要戴上自己的眼镜。可是，他在衬衫口袋里翻了半天也没有找到，佩吉拉这才发现眼镜不见了。

他在大脑中迅速回想这一天中做过的事情，他想起来了，在他弯腰干活的时候，眼镜不小心从衬衫的口袋里滑落了出去，掉在了一只正在打钉子的板条箱里。

就这样，佩吉拉刚买的一副崭新的眼镜漂洋过海，送给了中国孤儿院的孤儿。

当时，美国正值经济大萧条时期，佩吉拉要养活六个孩子，生活非常艰难，而那副眼镜，是他用二十美元买来的。但是，佩吉拉又离不开眼镜，为此，他为攒够重新买一副眼镜的钱而烦恼不已。

“这太不公平了，”佩吉拉的心情非常沮丧，在回家的途中，他小声嘀咕道，“上帝啊，我一向忠诚于你，我把我的全部时间和金钱都奉献给了你，可是现在，我偏偏失去了一副全新的眼镜，我的生活该怎么维持下去啊……”

半年以后，抗日战争胜利结束，中国那所孤儿院的院长——一个美国传教士——回到美国休假。在一个阳光明媚的周末，他来到了佩吉拉工作的位于芝加哥的小教堂。

刚一见到佩吉拉，他就热情地表达了自己的感激之情，感谢他向中国的孤儿伸出了援助之手。

“但是，最重要的是，我必须感谢你们去年送给我的那副眼镜。”他说，“大家都知道，日本人扫荡了孤儿院，毁坏了所有的东西，当然，也包括我的眼镜。当时，我感到无助与绝望。就算我有再多的钱，也无法配一副我需要的眼镜。由于看不清楚东西，我的头每天都会疼。我每天早上起床后，做的第一件事就是向上帝祈祷：我的上帝，万能的主啊，请赐予我一副眼镜吧！而就在这个时候，你们运来的箱子到了。当我的同事拆开箱子时，他们惊奇地发现，箱子里果真有一副崭新的眼镜躺在那些衣服上。”

院长停顿了片刻，好让自己的话引起周围人的重视。紧接着，他带着众人静静等待的悬念，继续说道：“亲爱的朋友们，也许你们不相信，当我戴上那副崭新的眼镜时，我发现它简直就像是为我量身定制的一般。从那以后，我的视野清晰起来，头再也不疼了。我要感谢你们，是你们的热情改变了我的命运，是你们为我付出了这一切！”

旁边的人们听着，都为这副神奇的眼镜而高兴。但是，他们同时也在想，一定是这位院长搞错了，我们从来没有送过眼镜啊。在当时的援助物品清单上，根本没有眼镜这一项，那么，院长的眼镜到底是从哪儿来的呢？

只有一个人知道这到底是怎么回事。佩吉拉默默地站在最后一排，眼泪涌出了眼眶。

在所有人中，只有这名普通的木匠知道，上帝是以怎样的一种不同寻常的方式为我们的生活创造了一个奇迹。

心灵直通车：既然相信上帝，就应该相信奇迹的发生，不要有任何怀疑，因为他拥有无与伦比的力量。然而，上帝为我们创造的所有奇迹都是通过人类的爱心与双手创造并传播出来的。如果我们自己不愿意去创造奇迹，即使是上帝，也无能为力；如果我们每个人都拥有一个坚定的信念，即使没有上帝的帮助，奇迹也会发生。我们坚信上帝，但是，我们也要付出努力，不让上帝对我们失望。

兄弟承诺

不知道并不可怕和有害。任何人都不可能什么都知道，可怕的和有害的是不知道而伪装知道。

——托尔斯泰

美国的新泽西州，有一名普通的矿工在井下作业时，需要用镐刨煤。但是，一不小心，镐刨在了哑炮上。哑炮立刻炸了，这名普通的矿工当场被炸死。

因为矿工是临时工，所以矿长只为他的妻子和儿子发放了一笔抚恤金，然后不再过问他们的生活，并与他的家人脱离了关系。

痛失丈夫的妻子一个人承担起了养家糊口的重任，面临着来自生活上的各种压力。由于她没有一技之长，无法在城市里生活，只好收拾行李，带着孩子回到家乡那个落后的村子里生活。

这时，与她丈夫一起工作的队长找到了她，告诉她工地上的矿工们都不爱吃食堂做的早饭，建议她在工地附近开一个面包店，也许这个办法可以维持生计。

矿工的妻子考虑了一下，欣然接受了队长的建议。

于是，在队长和朋友的帮助下，面包店热热闹闹地开张了。

开张第一天，一下子来了八个客人。随着时间的推移，来面包店买面包的人越来越多，她的生意也越来越好，最多的时候，每天能有三四十人来购买。最少的时候也从未少过八个人，并且无论风吹雨打，从没有间断过。

时间久了，其他矿工的妻子们都发现自己的丈夫养成了每天早上必须吃一个面包的习惯，这让她们百思不得其解。

直到有一天，队长在工作时由于疏忽刨到了一个哑炮上，也被炸成了重伤。

在队长的意识还清晰的时候，他嘱咐妻子说："我死之后，你一定要替我每天去那个面包店买一个面包。这是我们队里八个兄弟的约定，我们的兄弟死了，他的老婆和孩子该怎么生活？咱们不去帮，还有谁能帮他们呢？"

从那以后，每天的早晨，在许多买面包的人群中，又多了一位忠实的女顾客。每天来往的客流不断，而时光变幻之间，唯一不变的是那不多不少的八个人。

日子一天天地过去了，矿工的儿子已经长大成人，而挑起生活重担的母亲在饱受苦难之后也已经两鬓花白，但始终不变的是她每天都用真诚的微笑，迎接前来买面包的每一位顾客。那种真诚与善良是发自内心的。

最重要的是，每天前来光临面包店的人，尽管年老的被年轻的代替了，男人被女人代替了，但是，她每天接待的客人中，从来没有少过八个人。

历经十几年的沧桑岁月，依然闪亮着的是那八颗金灿灿的爱心与兄弟之间的承诺。

心灵直通车： 兄弟之间的承诺可以抵达永远，用爱心经营起来的承诺能够穿越尘世间最昂贵的时光。这就是兄弟之间的情谊，信守兄弟之间不变的承诺。圣经上说："如今常存于世的有信、有望、有爱，这其中份量最重的就是爱。"的确，爱是人类渴望的最终极目标。

友情与爱情

每天不浪费或不虚度或不空抛的那一点点时间，即使只有五六分钟，如得正用，也一样可以有很大的成就。游手好闲惯了，就算有聪明才智，也不会有所作为。

——雷曼

一个名叫保罗的大男孩与一个大女孩非常要好，两个人在一起很开心，相处得也非常融洽。

周围的人看见他们，都以为两个人已经相爱了。

但是，保罗和克丽丝并不清楚这是一种什么关系，他们问别人："我们是在相爱吗？"

他们也这样问自己。是的，他们不清楚自己与对方是在恋爱，还是互相分享朋友间的友谊。

于是，两人携手去问一位智者。

"请告诉我们友情与爱情的区别吧！"保罗和克丽丝恳求道。

智者微微一笑，看着两个年轻人，说道："你们提出的问题，是世界上最难回答的难题。爱情和友情就像一对性格迥异的孪生姐妹，她们既有相同点，又有很大的区别。有时，她们可以简单区分，但有时又无法辨别……"

"那么，请举个例子吧！"大男孩说。

"爱情与友情都是世界上最美好、最动人的情感。当这对孪生姐妹为人们带来真善美时，她们几乎无法区别开来；但是，当她们一旦遇到麻烦与挫折，结果就大不相同了。"

"比如……"大女孩问。

"比如，爱情说：你只能属于我一个人；友情却说：除了我，你的身边还可以有她和他。

"友情来了，你会说：请坐；爱情来了，你们会拥抱，却什么也不说。

"爱情的利刃如果刺伤了你，你的心会一直流血，而你的眼睛却期待着她；友情的锋芒如果刺痛了你，你会立刻转身而去，拔去身上的芒刺，不再理对方。

"当友情远行时，你会笑着说：祝你一路顺风，平安归来！但是，如果爱情远行，你只会哭着说：请不要忘记我和你的美好时光。

"爱情会告诉你：有的时候，我是奔流的波涛，有时又是一江春水，有时又像是凝结的冰；友情会告诉你：我永远是骄阳下的一江春水。

"当你与爱情被迫走到绝路时，你会说：来吧，让我们一起走向死亡；但是，当你与友情到了无路可走的地步时，你会说：分手吧，让我们各自寻找生路吧。

"当你被爱情抛弃，你也许会大醉一场，大哭一天，最后又大笑一天；但是，当友情背叛你，远离你时，你也许只会叹一口气、喝一杯茶，用短暂的时间寻找一段新的友情。

"当爱情死亡时，你会跪在对方的遗体旁说：其实在我的心里，已经和你一起死了；当友情死亡之时，你会默默地为对方献上一个花圈，并把她的名字铭记在心里，悄然而去……"

保罗和克丽丝听了智者的话，相视一笑，他们互相问道："当我远行时，你会笑呢还是哭呢？"

心灵直通车：每个人对于友情和爱情，心里都有一个区分的尺度，智者的话虽然不是绝世真理，但有一点可以肯定，那就是爱情与友情相比，爱情更热情、更专注，更是唯一的情感。有一天，当你发现自己爱上一个人后，你的心里就不会再容下其他人；而当他对你的爱死亡时，你会感觉失去了整个世界。

热情的校长

只有在失去可贵的事物后，人们才理解到它们的价值。

——普劳图斯

安妮终于盼到了暑假，她要去意大利旅行。

刚到意大利，她便找了一家小旅馆住下，这家小旅馆是当地一所学校的校长开的。安妮在前台办理完入住手续后，向校长提出了一个问题，因为安妮非常注重旅馆的环境，又碍于语言沟通不顺，于是，她将“是否有独立的WC”的问题写在了一张纸上，交给校长。

偏偏这位校长的英语不是很好，于是，就去向当地的牧师请教，问他是否知道“WC”的意思。于是，校长与牧师一起研究这两个字母代表的各种含义。最后，他们一致认为，这个学生的问题是：旅馆附近有没有一座位于路边的小教堂。

因此，校长是这样回复安妮的：

亲爱的安妮同学：我非常荣幸地告诉您，您要找的WC 距离本旅馆只有九英里的距离。它位于一片松树林中，四周景色怡人，还有舒服的草地，那里可以同时容纳两百人。

WC只在每周四和周日开放，很多人都喜欢夏天去，所以我建议您尽量早点去。如果您不能准时到达那里的话，可能就没有合适的位子了。

我想，您应该对那里很感兴趣：我美丽的女儿就是在那里举行的婚礼，那是因为，她就是在那里认识她的丈夫的。在婚礼这种伟大的场合，每排都坐满了人，他们的脸上都洋溢着幸福的笑容。

但是非常不幸，我的妻子当时生病了，没有出席女儿的婚礼。她最后一次去WC，已经是一年前的事了，为此，她感到非常伤心。

还有，我愿意告诉您一件非常令人高兴的事情，每逢开放日，都会有很多人带着午餐，早早地赶到WC——那个令人向往的地方，并在那里待上一整天。还有很多人宁愿在那里等到最后一分钟，然后准时离开。我建议您星期日去，因为那天有风琴伴奏。那里的音响效果非常好，即使再细小的声音，您也能够听到。

哦，对了，忘记和您说了，WC最近又增加了一个铃铛，每当有人走进去时，它就会发出响声。我希望可以亲自护送您去那里，并为您安排一个显著的位置，让所有的人都能看到您。

当优雅而又漂亮的安妮看完这封信后，顿时觉得无地自容，因为她真正想知道的是——哪里有卫生间。

心灵直通车： 我们身边有很多善良的人，为了他人一个小小的请求，会竭尽全力伸出援手。但是，他们也经常犯这样的错误，在自己根本没有弄清楚事情的来龙去脉时，就立刻采取行动。结果，自己流出的每滴汗水，都是徒劳无功的，离预期的目标越来越远，最终完全脱离了轨道。更离谱的是，还会闹出令人哭笑不得的笑话。

寻找快乐的方式

时间：人一直试图打发的东西，结果是它打发了人。

——斯宾塞

1924年的夏天，著名的滑稽大师马可尼用他那精彩的表演征服了整个那不勒斯城，那里充满了前所未过的欢乐。

然而就在这欢乐的时光里，心理医生让•肯特的诊所里却来了一位病人。病人神情沮丧地对他说："大夫，不知为什么，我心里非常难过，这么多年来，我不想见任何人，连吃饭也没有胃口，每天晚上，都要靠安眠药才能入睡。我怀疑我得了自闭症或是其他的心理疾病，我希望您能帮助我，给我一些指导。"

心理医生让•肯特听了这位病人的描述后说："你应该知道滑稽大师马可尼吧，自从他来这儿演出，我的诊所已经好几天没有病人了。我想，他们一定是被马可尼那滑稽的表演逗得忘记了病痛。现在，马可尼还在这里，我建议您最好先去看看他的演出，也许您很快就会快乐起来。”

患者的脸上浮现出满脸的尴尬。他望着让•肯特，无奈地说：“大夫，我就是滑稽大师马可尼。”

马可尼是二十世纪初奥地利著名的喜剧表演大师，让•肯特则是意大利人尽皆知的著名心理医生。

后来，听人们说，两个人的这次会面，给双方带来了很大的变化。让•肯特医生关闭了诊所，前往法国；马可尼也返回到故乡，慢慢淡出了人们的记忆，离开了舞台。

1957 年，一个法国康复旅行团前往奥地利访问旅行，由一位医生带领，他们在参观一座位于维也纳郊外的私人城堡时，得到了城堡主人的热情接待。

虽然主人已年过九十，但看起来精神矍铄、风趣幽默。他对前来参观的朋友们说：“人是世界上最笨的动物。如果各位来这里是打算向我学习，那就找错了人，你们应该向我家的巴迪、赖斯和莫莉学习。

“巴迪是我的狗，不管它在外面受到多大的欺侮和虐待，很快就会把痛苦抛在脑后，尽情享受眼前的生活，贪婪地咀嚼每一根骨头。

“赖斯是我养的一只猫，它从不来不考虑任何事情，在它的字典里，似乎没有‘发愁’这个词。如果它感到焦虑不安，即使是最轻微的紧张情绪，就会选择去睡觉，让所有的不悦尽快消失。

“我的鸟儿莫莉与巴迪和赖斯相比，最懂得忙里偷闲，即使树枝上有一年都吃不完的美食，它也会时不时地停下来，站在枝头动听地唱一曲美妙的歌。

“亲爱的朋友们，我的巴迪、赖斯和莫莉一定会让你们感到不虚此行！但是，我要提醒一下那位给你们带队的老医生，千万不要再劝他的病人去看滑稽大师马可尼的表演了。”

旅行团的所有人都被他的话逗得捧腹大笑起来。原来，这座私人城堡的主人就是曾经远近闻名的喜剧大师马可尼，而那个带队的老医生就是著名的心理专家让•肯特医生。

1963 年，马可尼因病去世，年过九旬的让•肯特医生特意为马可尼写了一篇文章——《怀念我的朋友马可尼》。在文章里，让•肯特医生讲述了他们五十年的友谊，并且说，他如今在心理学和大众医学研究方面之所以能取得一些成就，完全受益于1924年马可尼先生的那次造访和1957 年给他的那个忠告。

心灵直通车：一个人如果拥有一颗快乐的心，每天都拥有美好的阳光，那么，即使不看滑稽大师的表演也是快乐的；一个人如果不快乐，即使是世界著名的喜剧大师也无济于事。快乐源自于内心，就如同我们脚上的鞋，合适与否，只有自己最清楚。如果追求金钱、名誉和地位，我们完全可以向别人学习。如果想要拥有快乐，追求心灵的解脱，你只要按照自己的方式做就行了。

友情是一剂良药

人生是一场赌博。不管人生的赌博是得是损，只要该赌的肉尚剩一磅，我就会赌它。

——罗曼·罗兰

吉姆原来是一个无忧无虑的孩子，但是，命运捉弄人，吉姆十岁那年，在医院输血时不幸染上了艾滋病。他的小伙伴们知道后，不再和他玩，甚至看见他就躲得远远的。只有一个名叫卡马里奥的男孩没有嫌弃他。卡马里奥比吉姆大四岁，当他得知吉姆的遭遇时，不但像以前一样跟他玩耍，还越来越关心他。

离吉姆家不远的地方，有一条通往大海的小河，河边盛开着五颜六色的鲜花。卡马里奥告诉吉姆，如果能把这些花草熬成汤药，也许就能治好他的病。

吉姆喝了卡马里奥亲手为他煮的汤，但身体并没有好转，没有人知道他还能活多久。时间长了，卡马里奥的妈妈也不允许他和吉姆交往了，因为她担心家人会染上这种可怕的病毒。但是，母亲的阻拦并不能阻止两个孩子的友情。

一天，卡马里奥在一本杂志上偶然看到一则消息，说新奥尔良的一名医生找到了一种能够医治艾滋病的植物。这则新闻令他兴奋不已。于是，在一个晴朗的夜晚，他带着吉姆，悄悄踏上了前往新奥尔良的路。

他们沿着那条小河出发了。卡马里奥用捡来的木板和轮胎做了一条牢固的简易小船。两个小伙伴躺在船上，听着小河流水哗哗的声音，看着满天闪烁的星星，卡马里奥告诉吉姆，等他们到了新奥尔良，找到那个医生后，吉姆就可以像其他人一样快乐地生活了。

慢慢地，不知他们走了多远的路，小船破了，进了很多水，两个孩子不得不搭路边的顺风车。为了省钱，他们晚上就睡在随身携带的旅行帐篷里。吉姆咳嗽得越来越厉害，从家里带出来的药也快吃完了。

这天夜里，吉姆冷得浑身直发抖，他用微弱的声音在卡马里奥的耳边说："我做了一个梦，梦见了两百亿年前的宇宙，那里的星星发出的光是那么得暗。我一个人孤独地待在那里，迷了路，不知道家的方向。"

卡马里奥为了安慰吉姆，把自己的球鞋给了他，并告诉他："以后睡觉的时候，就抱着我的球鞋，想想卡马里奥的臭球鞋还在你的手里，卡马里奥一定就在身边。"

两个孩子快把身上的钱用完了，可是，离新奥尔良还有三天三夜的路程。吉姆的身体状况一天比一天差，卡马里奥不得不放弃去新奥尔良的计划，带着吉姆返回了家乡。

过了半个月，吉姆由于病情加重，住进了医院。卡马里奥依旧像往常一样去病房看他。两个好朋友在一起时，病房里就会充满欢乐的笑声。他们经常做一些捉弄人的游戏，吓唬医院的护士和其他人，看见其他人上当的样子，两个人都会忍不住哈哈大笑起来。

卡马里奥给那家杂志社寄了一封信，希望杂志社能帮忙找到那位医生，但是，他们一直没有得到回复。

一天下午，吉姆的妈妈上街去买东西。卡马里奥在病房里陪着吉姆，夕阳斜斜地照在吉姆苍白的脸上。卡马里奥问他想不想玩装死的游戏，吉姆点点头，这个游戏是两个好朋友经常用来吓唬护士的。然而这次，吉姆却没有在医生为他把脉时，突然睁开眼睛笑起来，捉弄护士。因为这次，他真的死了。

那天，卡马里奥陪着吉姆的妈妈回家。两人默默地走了一路，直到分别的时候，卡马里奥才哭着说："对不起，我非常难过，没能帮助吉姆找到治病的药。"

吉姆的妈妈泪如泉涌。"不，卡马里奥，你找到了，"她紧紧地拥抱着卡马里奥，"其实，吉姆这短暂的一生中，最大的病痛就是孤独，但是，你将快乐带给了他，给了他温暖的友情，他一直为有你这个好朋友而感到满足……"

三天后，吉姆静静地躺在河边那片青草地上，怀里紧紧地抱着卡马里奥穿过的那只球鞋。

心灵直通车： 在疾病面前，我们看到了卡马里奥和吉姆之间的情谊。其实，吉姆最大的疾病就是孤独，无法找到快乐的源泉。人的一生中，最令人渴望的满足，是用再多的金钱也无法买到的友谊。

伸出勇气之手

天才是由于对事业的热爱而发展起来的。简直可以说，天才——就其本质而论——只不过是对事业、对工作的热爱而已。

——高尔基

这个故事发生在越南。

在一个宁静的小村庄里，几发迫击炮弹突然落在一所由传教士创办的孤儿院里。当时，传教士和两名儿童被炸死，还有几名儿童受了重伤，其中一个受重伤的小姑娘，只有八岁。

村民们立刻向附近的小镇求助，希望他们派几名医生前来救援。这个小镇一直和美军有通讯联系。不一会儿，一名美国海军医生和一位护士带着救护用品赶到了孤儿院。经过检查，小姑娘的伤势非常严重，如果不立刻抢救，很快会因为流血过多而死亡。

输血工作迫在眉睫，但是，我们都知道，必须找到相同的血型才能输血。经过验血，这两名美国人和小姑娘的血型无法匹配，但是，那些没有受伤的孤儿却可以为她输血。

美国医生用蹩脚的越南语夹杂着英语，护士用仅相当于高中水平的法语，再配合临时编出来的手势，想尽一切办法让这些还处于惊恐中的幼小孤儿明白他们的意思。

医生和护士对他们说：“如果不能及时为这个受了重伤的小姑娘补充血液，她就会死去。”他们想得到孩子们的同意，希望能替小姑娘献血。

一阵沉默后，美国医生和护士明白了，他们根本没有听明白。每个人都睁大了眼睛，充满疑惑地望着他们。过了一会儿，一只小手颤抖着伸了过来，但忽然又放下了。最后，这个小朋友坚定了信心，又一次将手伸到医生面前。

“太感谢你了。”护士用法语说，“你叫什么名字？”

“我叫麦克。”小男孩平躺在一张草垫上。他看着胳膊被酒精擦拭以后，一根针扎进了他的血管中。

在整个输血过程中，麦克一动不动，眼里噙着泪水，一句话也没有说。

过了一会儿，他的眼泪流了出来，全身颤抖着，并用另一只手捂住了自己的脸。

这一幕被护士看见了，心疼地问：“很疼吗，小麦克？”

麦克摇摇头，但是，他又马上呜咽起来，并再一次试图用手遮掩住自己的痛苦。

医生问他是不是针头将他刺痛了。

麦克又坚定地摇了摇头。

医疗队感觉麦克的举动有些不对。正在这时，一名越南护士赶来援助。

她看见麦克一脸痛苦的样子，用流利的越南语询问麦克。当越南护士听完了他的回答后，用轻柔的声音安慰了他。麦克停止了哭泣，满脸疑问地看着那位越南护士。护士对他微微一笑，并点了点头。麦克立刻变得轻松了，他消除了所有的顾虑，脸上的痛苦也消失了。

越南护士对两位美国人说：“小麦克以为献了血就会死，他没有完全听明白你们的意思。他以为你们希望他把自己所有的鲜血都献给那个小姑娘，以便让她活下来。”

“但是，他为什么会同意这样的要求呢？”美国海军护士问。

越南护士转过身，问小麦克：“你为什么愿意这样做呢？”

小麦克只回答了一句：“因为她是我的朋友。”

心灵直通车：“因为她是我的朋友！”一句多么真实而又朴素的话啊。很多时候，对我们微笑、整天说好话、为我们遮掩错误的人，并不一定是我们真正的朋友。相反，在我们做错事时，给予提醒，指出错误，在困难中助我们一臂之力的人，才是我们真正的朋友。

轻信他人的后果

生活最沉重的负担不是工作，而是无聊。

——罗曼·罗兰

《塔木德经》中讲述了这样一个故事：

有一个人，只身前往耶路撒冷，他自称是以色列人。当时，耶路撒冷的以色列人热情地接待了他，视他为自己的同胞。

当时，正好赶上逾越节，这个人便与以色列人一起守节。众所周知，在逾越节的宴席上，以色列人的主要食品就是羊羔。那天，他与当地人一起享用美食。当吃完羊羔后，他便向主人索要羊肝等内脏。主人听后，为之一震，断定他根本不是以色列人。因为真正的以色列人不会将羊的内脏作为食物吃掉，而是要作为祭品献给上帝。

这家人知道自己犯了戒律：《圣经·出埃及记》第十二章第四十三节明确规定“外邦人绝对不

能吃羊羔”。于是，这家主人将他扭送到了宗教机构。

《塔木德经》凭借这件事教育以色列人：不要相信任何一个来到我们面前，并称自己是以色列人的人。

有一位布宜诺斯艾利斯的美丽姑娘，大学毕业以后前往纽约谋生，她在纽约四处碰壁，无法生活下去。于是，她想在曼哈顿跳海自杀。

恰好一个路过这里的水手拦住了她：“你为什么会想到做这种愚蠢的事呢？”

美丽的姑娘用蹩脚的英语呜咽着说：“我一个人在纽约生活了好几个月，没有工作，更没有钱。我想回家，我的爸爸和妈妈住在布宜诺斯艾利斯。”

水手听了姑娘的苦衷，想了一会儿，对她说：“姑娘，我很同情你，我可以帮助你，我工作的那艘船今晚启航，开往威尔明顿，然后去迈阿密、巴拿马，一个半月以后，我们就能到达布宜诺斯艾利斯了。这期间，我可以把你藏在船上的救生艇里。”

听了水手的这番话，美丽的姑娘感到好运气降临到自己的头上了。当天晚上，水手悄悄地把她带上了船，安置在一只救生艇里，并在上面盖上了防水布。几小时以后，船启航了。

每天，这艘船都会从一个港口缓慢地开往另一个港口。晚上，水手会给姑娘送去足够的食物和饮料。姑娘对这位水手的恩情铭记于心，心里充满了感激之情。时间长了，两人之间的关系也变得微妙起来。第九天晚上，水手吻了她。

多浪漫呀，真是一场救生艇上的罗曼史。但是，事情发展到这里，还没有结束。

一天清晨，船长发现其中一只救生艇上面的防水帆布没有盖好，便动手将其扎紧。也正在这时，他发现了在救生艇里瑟瑟发抖的偷渡者。

“你是什么人？”船长大声吼道。

姑娘被船长的吼声吓坏了，不得不把自己的冒险经历详细地告诉了船长。

船长气得直跳脚：“上帝啊！那个无赖叫什么名字？”

“他不是无赖！他是好人，他善良，他……”姑娘替水手打抱不平。

“你真是糊涂呀！”船长大发雷霆地喊道，“这是纽约斯塔腾岛之间的摆渡船！”

心灵直通车： 世界上的好人虽然比坏人多，但是，我们也不能陷入极端。不要轻易相信身边的每一个人。社会是一个大家庭，很复杂，人心叵测，我们没有理由无条件地完全相信一个表面上看起来是好人的人。

被误解的母爱

善于利用时间的人，永远找不到充裕的时间。

——歌德

罗莎琳是一个奥地利少女，她从小性格孤僻、胆小羞涩，不善于与人交往。

在罗莎琳很小的时候，她的父亲就不幸因病去世了。她的母亲索菲娅承担起了养家糊口的重任。索菲娅在丈夫去世以后，在一家清洁公司工作，凭借微薄的收入把罗莎琳抚养长大。由于父亲去世得早，母亲没有很好的工作，导致罗莎琳的家庭条件极其贫困，她经常被同学欺侮，受到别人的歧视。这些都给她幼小的心灵带来了沉重的阴影。

久而久之，罗莎琳在心里便对母亲产生了怨恨，她认为正是母亲的卑微才使她被同学歧视，是母亲使她遭受到如此多的苦难。

直到有一天，索菲娅由于在工作中表现出色，领导特批她休假一周。为了讨好女儿，缓和母女之间的关系，索菲娅决定带罗莎琳去阿尔卑斯山滑雪。

但是，不幸正在悄悄降临。索菲娅和女儿在雪地里迷了路，面对陌生的雪山，母女俩惊慌失措。她们一边向山下滑，一边大声呼救。

但是，令母女俩没有想到的是，她们的呼喊声引来了一连串的雪崩，大雪无情地把母女俩埋在了下面。出于求生的本能，索菲娅和罗莎琳不停地刨着积雪，过了很长时间，她们终于爬出了厚厚的雪堆。母女俩搀扶着，在阿尔卑斯山上漫无目的地寻找着回家的路。

突然，索菲娅发现头顶上有一架救援直升机，但是，母女俩穿的银灰色羽绒服与雪的颜色太相近了，救援人员根本无法发现她们。

过了不知多长时间，当罗莎琳醒来时，她发现自己正躺在医院的病床上，而母亲索菲娅已经离开了人世。医生告诉罗莎琳，把她从雪山中救出来的人正是她的母亲。

原来，索菲娅为了让空中的直升机能发现她们，用岩石片将自己的动脉割断，然后在血迹中爬行了二十多米。索菲娅正是用自己在雪地上留下的那道鲜红的长长的血迹引起了救援人员的注意，才使女儿罗莎琳获救。

心灵直通车：“母亲”是这个世界上最伟大的人物，母爱是天底下最神圣、最无私的爱。作为儿女的我们，不要再抱怨我们的出身有多么卑微，不要嫌弃自己的家境有多么贫寒，更不要抱怨我们的父母有多么无能。无论贫穷与富有，父母的爱是永恒不变的。从今天起，让我们珍惜与父母在一起的时光，用我们的爱来表达对父母的恩情。

鲜花的魔力

一个人的价值，应当看他贡献了什么，而不应当看他取得了什么。

——爱因斯坦

里查德和乔恩是非常要好的朋友。有一次，他们决定合伙做生意，于是想到一起卖米。

忙碌了一天之后，关门前，他们把米整齐地堆在商店外面。第二天早上，米却少了很多。

里查德清楚地记得乔恩在晚上起了好几次床，因此，他断定是乔恩把米转移到了其他地方，他想独吞。因此，里查德认为乔恩占了他的便宜，心中产生了憎恨。

乔恩解释说，他没有动过那些米。里查德根本不相信。于是，两个人吵了起来，由朋友变成了仇人，不再有任何往来。

第二天，里查德一大早外出做生意，打开门后，发现门口摆放着一个陶罐，陶罐里竟然装着几根骨头。根据当地的习俗，骨头象征着不吉利。里查德想，这一定是乔恩放在门口的，他想诅咒自己做不成生意。

于是，他气愤地将陶罐扔到了花园里，带着一肚子的怒气出了门。结果那天，里查德的生意果然不好，没有几个顾客光临。

回到家中，他给自家院子里的花松土施肥时，不经意间看到了早上的那个陶罐，就顺手将几株花移栽了进去。

过了几天，里查德在大街上遇见了自己的邻居。邻居说前一段时间，他的孩子晚上在外面玩，把一个准备泡药材的陶罐和一包兽骨药弄丢了，不知他看见了没有。

于是，里查德立刻回家去找陶罐。他惊喜地发现，那个破陶罐里居然开满了鲜花，这令他非常开心。

里查德万万没有想到，这个用来出气的陶罐竟然给他带来了意想不到的欢乐。

里查德把陶罐和兽骨药还给了邻居。邻居给了他几袋米，不好意思地说："前些天，就在你们把米放在外面的时候，我家那淘气的小孩偷偷拿了一些米。我感到非常抱歉，没有教育好自己的孩子。"

里查德这才意识到，原来自己错怪了乔恩。他没有弄清事情的真相就冤枉乔恩，为自己狭隘的心胸感到羞愧，当初不应该迁怒于乔恩。他觉得现在应该向乔恩解释清楚，并向他道歉。

于是，里查德带上从陶罐里采摘的鲜花去向乔恩赔罪。

后来，里查德与乔恩重归于好，他们又成为了朋友，而且两人的生意越做越兴旺。

心灵直通车：朋友之间，难免会产生误解，解决矛盾的最好方式就是要相信对方，不要猜疑，在遇到问题的时候，要保持一颗清醒的头脑，听取对方的解释，更不要伤害对方。我们不妨像里查德一样，把误解栽成一盆友好的鲜花，等待花开时，双方已经冰释前嫌、和好如初。

诺言重于泰山

在今天和明天之间，有一段很长的时间；趁你还有精神的时候，学习迅速办事。

——歌德

巴雷特有一个非常要好的朋友，因为从小一起长大，所以两人至今还保持着密切的来往。

他常常为巴雷特推荐一些好书，或者在巴雷特需要帮助的时候提供帮助。他总是被巴雷特呼来唤去，但从来没有过怨言。

巴雷特把他当成自己人，因此在他面前也很随便。他说巴雷特虽然穿着大人的衣服，但内心还是一个孩子。

直到一年，他搬了家。新年的时候，他邀请巴雷特来他家暖居。巴雷特欣然同意了。但是，新年那天正好轮到巴雷特在学校值班，上午巴雷特给他打了一个电话，说明了自己的情况。他一听说巴雷特要值班，就问巴雷特今天还能不能去，巴雷特说下午有时间，可以过去。

到了下午，就在巴雷特要离开学校的时候，一位同事正好赶来，他见巴雷特下班了，便热情地说："您有空吗？和我打一会儿网球吧！"巴雷特委婉地拒绝了他。但是，经不住同事的软磨硬泡，说只玩一会儿就行了，不会耽误他太长时间。巴雷特听同事这么一说，手也有些痒起来，便接受了同事的邀请。

这一玩，巴雷特就把下午要去朋友家的事彻底给忘了。等他从学校里出来的时候，天已经黑了，他只好回家了。

巴雷特一直想找个机会向朋友解释一下，可他总是有事，慢慢地，拖了很长时间也没有联系他的朋友。

时间越长，巴雷特就越不想再提起这件事。他以为，我和他反正也不是外人，为什么要那么见外呢？后来，巴雷特竟然真的把这次爽约忘得一干二净。

直到有一天，巴雷特再次想起了这位朋友，希望得到他的帮助。

电话里，巴雷特感受到了朋友的冷谈，并问他发生了什么事。朋友冷冷地回应了一句："问问你自己。"

就这样，巴雷特想起了那次爽约，并试探性地提起了那件事。他的朋友说："我对你太失望了，我把你当成朋友，可是你呢，有那么轻率对待自己朋友的吗？"

他非常生气，继续说，"那天，为了迎接你的到来，我和妻子把所有的安排都推掉了，一直竖着耳朵听楼梯里发出的每一阵声音，可是，最终你还是没有来，居然连一个电话都没有打。"

听了朋友的这番话，巴雷特脸上一阵发热，他感到太惭愧了。巴雷特解释说："在我心里，从来没有把你当过外人。"

因为巴雷特自以为和朋友的距离很近，所以就在某些事情上随随便便。而他的朋友说巴雷特是个言而无信的人。

为了让巴雷特记住这次教训，让他知道诺言的真正涵义，他决定不再与巴雷特交往。

正是朋友的这番话和自己的过失，巴雷特失去了这位真诚的朋友，他也记住了什么是诺言。

心灵直通车：关于原则上的事，即使再亲近的人，也不可敷衍了事。一个人的诺言重于泰山，如果地球还在运转，我们绝不可以背弃自己的诺言。否则，我们会失去更多的朋友，甚至身败名裂，无法在社会上立足。同样，我们也不要轻易对他人许下诺言，因为诺言的背后，是一个个重要的责任。我们更不能食言，不守信用的人不配拥有真正的友情。

红色日记本

灾难是真理的第一程。

——拜伦

那一天是星期日的下午，保罗的儿子与同学出去玩了，保罗一个人进入了儿子的房间，发现儿子的书本放得很乱，就想帮他整理一下。此时，保罗突然心头一动，就打开了儿子的抽屉，发现了一个红色的日记本。

儿子的日记本中，第一页这样写道：“自从上了初中以后，我的内心十分孤独与空虚。父母除了每天关心我在学校的表现外，就是把我关在自己的屋里学习。每当我坐在桌前，不停地写那些该死的永远做不完的作业时，我就会感到非常痛苦。我是多么希望能像其他同学一样到外面去打篮球，轻松地感受一下大自然啊……”

读完了儿子的日记，保罗的内心感到一种强烈的刺痛。他本以为自己与儿子的心灵贴得很近，可怎么也没有想到儿子并没有把他当做朋友。

傍晚，儿子回到了家里，又开始了每天的伏案学习。晚上吃饭的时候，儿子突然问："爸，你们是不是进过我的房间了？"

保罗假装糊涂地说："没有进过啊。"

见保罗的态度如此坚决，儿子也没有再说什么，满脸失望地走开了。

过了几天，保罗趁着儿子出去，又偷偷走进他的房间，企图从日记本里了解他内心的秘密。令保罗吃惊的是，抽屉不知什么时候安了一把锁。顿时，他的大脑一片空白，保罗突然意识到自己犯了一个极其低级的错误。

晚上，儿子回到家后，保罗真诚地对儿子说："儿子，爸爸做了一件错事，你可以原谅我吗？"

儿子沉思片刻，说："不就是偷看别人日记的事嘛，我不想再谈这件事了。"

"如果你肯原谅爸爸，就请你把锁打开，不要再像防贼似的防着爸爸了。"

儿子有些生气地对保罗说："好，我把锁交给你，这回你满意了吧？"

又过去了许多天，当保罗无意中再一次进入儿子的房间时，一心想了解儿子内心世界的保罗，又想偷偷翻看儿子的日记。保罗惊讶地发现，儿子虽然没有把抽屉上锁，但是那个日记本不知什么时候已经消失得无影无踪了。

有一天，儿子突然问保罗："老爸，你是不是感到特别失落？"

"为什么呢？"

"因为我把日记本扔了，并且发誓，以后不会再写日记了。"

保罗这才醒悟：儿子的内心深处多了一把锁。

心灵直通车：人和人之间是平等的，这种平等不仅体现在平辈中，当然也包括长辈与晚辈之间。即使是关系最为亲密的父子之间，他们的地位也是平等的，谁也没有权力干涉对方的私生活，任何人都是一个独立的主体。

自己的镜子

青年时种下什么，老年时就收获什么。

——易卜生

爱因斯坦小时候不爱学习，整日和一群贪玩的孩子在一起。时间长了，他的功课也就跟不上了，在一次期末考试中，有好几门功课不及格。

一个周末的早晨，爱因斯坦拿着钓鱼竿，正准备和那群孩子一起去河边钓鱼。

这时，一直为他的学业担心的父亲拦住了他，心平气和地对他说："我的孩子，你整日贪玩，不用功学习，考试不及格，我和你的母亲一直为你的前途担忧。"

"这有什么好担忧的？你看，杰克和罗伯特他们的功课也不好，考试也没有及格，不是照样去钓鱼吗？"

"爱因斯坦，你千万不能这样想。"父亲心里焦急万分，但外表依然平静地看着爱因斯坦，“我给你讲一个故事，这是在我们的故乡一直流传着的故事，我希望你能认真听一听：

“有两只猫，它们在屋顶上玩耍，一不小心，两只猫抱成一团，一头栽进了烟囱里。当两只猫从烟囱里爬出来时，其中一只猫的脸上黑乎乎的，沾了很多灰，而另一只猫的脸上却是干干净净的，因为掉下去的时候，这只猫一直在后面，所有的灰都蹭在了前面那只猫的脸上。

“干净的猫看见一脸黑灰的猫，以为自己的脸上也沾满了灰，一定又脏又丑。于是，它快步跑到河边，痛痛快快地洗了脸。而满脸黑灰的猫看见干净的猫，就以为自己的脸也是干净的，于是，大摇大摆地到街上闲逛去了。

“爱因斯坦，通过个寓言故事，你明白了吗？生活中，谁也不可能成为你的镜子，只有自己的这面镜子才能照出真实的自己。千万不要把别人当成自己的镜子，如果那样的话，天才也会被照成傻瓜。”

爱因斯坦明白了爸爸的意思，羞愧地放下手中的钓鱼竿，回到自己的小屋里安心地学习。

从此，爱因斯坦经常拿起“自己”这面镜子，认真地审视自己，并且不断地进行自我暗示：我是这个世界上独一无二的，我不希望像别人一样平庸。

这就是爱因斯坦之所以成为一个天才的原因。

心灵直通车：每个人都有自己的生活方式，每个人的生活方式和对生活的追求都是不同的，因此，就会产生不同的生活态度。我们可以参照别人的生活态度来确定自己的态度，但是，永远不能拿起别人的镜子，跟着别人学。我们必须把自己看清楚，知道自己到底要追求什么，要过什么样的生活。我们的命运掌握在自己的手中，不以任何人的态度而转移。只有自己，才能决定未来。

伸出援手

人生太短，要干的事太多，我要争分夺秒。

——爱迪生

劳得是苏格兰一位著名的作家及笑星，他在表演时经常对观众说："你们肩并肩坐了两个小时，居然没有一个人和邻座的人说话！"

观众觉得劳得的这句话非常好笑。因此，只有很少一部分人扭头与邻座交谈。

其实很简单。一句温暖的话语、一个甜甜的微笑，邻座的人可能就会变成你的朋友。我们在生活中，经常会因为自以为是、目中无人，或是自惭形秽而得不到朋友。

有一年冬天，暴风雪后，积雪堆满了整个街道，导致交通中断。一座居民楼里的煤用完了，杂货店里没有货。当时，自来水也中断了，电梯也由于故障无法运行。无奈之下，以前从没有交谈过的邻居们互相敲门，大家愿意拿出自己的食物、生活用品、唱片等共同分享。当时，有一个人家举办一场舞会，使得邻居们兴奋不已，积极地参加舞会。舞会中，从十几岁的孩子到年过七旬的老人，都玩得非常开心。也正是这天，人们这才发现，原来大楼的管理员会弹钢琴。

如果我们在平时就能发挥这种友好互助的精神，那么，我们每天的生活肯定会更加丰富多彩！

当然，你完全可以在旅行时冷漠地对待所有的陌生人。但是，那种态度同时也会使你享受不了他人的欢乐。如果我们看不到世人的内心，那么，我们就会看不清整个世界。每天站好几个小时拿着每一件衣服供顾客挑选的售货员、烈日下在街头值勤的警察、公共汽车上的司机、擦鞋的孩子，他们的内心世界都是丰富多彩的。

生活中，我们大多数人都是两点一线，或是三点一线，重复于刻板的生活，每天遇见同样的人，与他们交谈着同样的事。其实，与陌生人谈话，特别是和与我们生活在不同圈子里的人交谈，等于给我们提供了新的血液，丰富我们的人生经验，改变我们对生活的看法。即使是乡野的农夫、郊区加油站的工人、抱着孩子喂奶的女人等，无论是什么样的人，都会令我我们愉悦，觉得世界上到处充满生机与活力。

有些人自以为很平庸，觉得没有什么可以为他人付出的。但是，你至少可以倾听，接受别人的盛情。如果我们抱着一颗积极的心态，认真审视周围的人，我们很可能通过谈话发现他的内心世界。

想象一下，如果我们在车站看见上一个女人在默默地流泪，一个孩子的眼睛里露出痛苦之色，或是一个身在异乡、手足无措的人流落在街边，而不主动上前伸出援手，那么，我们的内心会不会受到谴责，我们能原谅自己吗？

有这么一个故事，一位妇人乘火车去探亲，在中途的一个荒野小镇停车时，妇人下车散步。这时，另一辆相反方向的火车恰好也经过此地。两列火车上的很多乘客悠闲地在车站上踱步休息。妇人看到一个满面笑容的男子，两人都产生了一见如故的感觉。于是，两人攀谈起来，一同散步。当火车的汽笛响起，催促乘客上车时，那名男子说："也许我们再也没有机会见面了。"两个人握手道别后，却登上了同一列火车！

后来，两个人一直保持通信联系，直到双双离世。他们追求的不是恋情，而是一段珍贵的友情。

回想一下，我们的朋友中，有几个是经过别人介绍而认识的呢？

每个人的感觉各有不同：有人孤独，有人对生活充满希望，有人整日郁郁寡欢。在人生的漫漫旅途中，无论哪种心情和感觉，都需要朋友，需要友情。原来是陌生人，只要有一个人先伸出手，我们就会多一个朋友。

心灵直通车： 友谊来自双方的交流。只要两个人能够打开心扉，交换各自的思想与感情，就会发现，原来，对方是一个多么独特的个体呀！同时，我们也会发现生活中的美好。友情能促进人们的成长，丰富你的人生阅历。因此，让我们伸出双手，和邻座交谈，我们就会成为永远的朋友。

关照他人

教育其实是一种从早年就起始的习惯。

——培根

纽约的一家小报社有一位黑人记者，名叫杰西克•库思。由于种族歧视，杰西克在报社的工作中受到同事的欺侮与排斥，与别人的交往自然就成了他最头疼的事情。

当时，石油大王哈默闻名于世。杰西克工作的报社希望记者能采访到哈默，这样不但可以提高报纸的知名度，还能带来很大的利润。

得知这一消息后，杰西克便在心底暗暗发誓，他一定要独立完成采访，不靠任何人的帮助，不让同事轻视自己。

杰西克在一家大酒店门口等了好几天，终于在一天夜里，他等到了哈默。杰西克诚恳地希望哈默能抽出一点时间回答他的几个小问题。

面对黑人记者杰西克的软磨硬泡，哈默并没有动怒，他委婉地说："改天吧，我现在有重要的事情要处理。"

最后，迫于无奈，哈默同意只回答他一个问题。

杰西克考虑了一下，问了他一个最敏感的话题："请问阁下，为什么前一段时间对东欧国家的石油输出量减少了，而你最大的竞争对手对他们的石油输出量却有所增加呢？这似乎与您石油大王的身份不太相符。"

哈默依然没有动怒，心平气和地回答道："关照别人等于关照自己。那些想在竞争中大展拳脚的人如果明白'关照别人只需一点理解与宽容，就会赢来意想不到的收获'这一道理，那么，他一定会后悔不迭。关照，是最有力量的方式，同时，也是一条最光明的路。"

哈默离开后，杰西克感到失落极了，沮丧地站在街头。

十年后，他在一篇有关哈默的报道中看到了这样一个故事：

哈默在成为石油大王之前，曾经是个不幸的逃难者。直到一年冬天，年轻的哈默跟着一群同伴流亡到了美国一个名叫沃尔逊的小镇上。在那里，哈默与小镇的镇长杰克逊成了朋友。可以说，杰克逊对哈默后来的成功起到了无法估量的作用。

一天，小镇上下起了雨，镇长家门前花园旁的一条小路变成了一片泥潭。于是，路过的行人就从花园里穿过，把花园踏得一片狼藉。哈默见此情形，替镇长感到痛惜。于是，他不顾风雨，一个人站在雨中看护花园，不让行人从这里穿行。这时，刚从外面回来的镇长一脸笑容地挑着一担炉渣，平均铺洒在了泥潭里。

后来，再也没人为了躲避小路上的泥潭绕到花园里穿行了。

最后，镇长语重心长地对哈默说："你看，我关照了别人，就等于关照了自己，这有什么不好的吗？"

从那以后，杰西克彻底醒悟了，他与同事坦诚相待。因为他真正明白了，理解与宽容可以消除误会，可以缩短两个敌人之间的距离，而关照就是搭建在两颗心之间最美丽的桥梁。

慢慢地，报社的同事们不再排斥他了，并且亲切地管他叫"黑蛋"。直到多年以后，他辞去报社主编的工作，一个人隐居乡间，安享晚年，整日围在他身边的那些不同肤色的孩子们也喜欢和他玩，同样也称他为“黑蛋”。因为，他的邻居们真的已经记不清他真正的名字了。

心灵直通车：每个人的内心都是一座美丽的花园，每个人的漫漫人生之旅就好像那花园前的小路。而生活的天空不仅充满风和日丽，偶尔也会有风霜雨雪。如果那些在雨路中前行的人们可以顺利地通过一条泥泞的小路，那么，还有谁会愿意去践踏那美丽的花园，伤害一颗颗善良、纯洁的心灵呢?

第二章
Part2

尊重他人：拒绝冷漠，传递爱心

卡尔的承诺

发明家全靠一股了不起的信心支持，才有勇气在不可知的天地中前进。

——巴尔扎克

当得知卡尔·威勒欧普要在科罗拉多大学演讲这个消息时，一位叫鲍勃的商人想利用这个机会向卡尔请教几个问题。于是，他联系演讲会的主办方约卡尔见面谈一谈。卡尔欣然同意了，但是只有十五分钟的时间，而且是在演讲结束以后。

于是，鲍勃坐在大学礼堂外面等候。

卡尔充满激情地给学生们讲他的奋斗史，讲如何才能创业成功。卡尔兴致勃勃地演讲的同时，已经错过了约会的时间，忘记了他与鲍勃的约定。

这时，一个人从礼堂外径直朝他走来。这个人走到他面前，没有说话，只是留下一张名片，然后转身出去了。卡尔拿起名片，看到上面写着：您曾经和鲍勃有个约会，在下午两点半。

卡尔突然想起了之前的约定。一边是正在听他演讲的学生们，他们是百事可乐发展的动力；另一边是和他约好要向他请教的商人。

卡尔并没有丝毫的犹豫，他对学生们说："谢谢你们能来听我的演讲，我原本还想和大家多交流一些我的经验，但是我错过了一个约会，现在已经迟到了，迟到是对别人的不尊重，我更不能失约。所以非常抱歉，请大家原谅。"

卡尔伴着雷鸣般的掌声，飞快地走出了礼堂，他向正在等候他的鲍勃表示了歉意后，又一一解答了鲍勃提出的所有问题。原本定好的十五分钟交谈，一直延长到三十分钟才结束。

在以后的日子里，鲍勃成了一名成功的商人。他告诉他的朋友他在科罗拉多大学的那段经历。于是，他的朋友们对百事可乐公司的信任增加了，并愿意为百事可乐做免费的宣传。

心灵直通车：伟大的人格是成就伟大事业的前提。无论你有多高的地位，都要信守承诺，并且始终对自己的诺言负责。诚实守信是现代社会发展的基础，不讲信用的人在社会上是无法立足的。当我们越来越迷恋于追求物质生活的时候，千万不要让我们的精神变得贫乏。

审视自己的价值

先相信你自己，然后别人才会相信你。

——屠格涅夫

影视明星本杰明把车开到了修理站，一位女技师接待了他。他瞬间被她俊美的容貌和灵巧的双手吸引住了。在巴黎，没有人不知道他，可是，这位姑娘却没有表示出丝毫的兴奋。

他忍不住问道："您喜欢看电影吗？"

"非常喜欢，我是个影迷。"她动作熟练，车很快就修好了："先生，您可以开走了。"

他却依依不舍地说："小姐，您愿意陪我去兜兜风吗？"

"不，先生！我还有工作要做。"

"这也是您的工作，您修的车，应该亲自检查一下。"

"那好吧，我开还是您开呢？"

"我邀请您的，当然是我开了。"

车行驶得一切正常。姑娘问道："车没有什么问题了，我可以下车了吗？"

"您真的不愿意再陪我一会儿了？我再问您一遍，您真的喜欢看电影吗？"

"我说过了，我是个影迷。"

"那您没有认出我？"

"怎么会呢，您一进门，我就认出您是当红影星本杰明啊。"

"那您为什么对我如此冷淡？"

"不！您错了，我并不是对您冷淡。我只不过是没有像其他女孩子那样狂热。您有您的工作，我也有我的工作。您来修车就是我的顾客，如果您是一名普通人，我会同样热情地接待您。人与人之间难道不应该是这样的吗？"

他沉默不语。在女技师面前，他感到自己是那么得浅薄与虚妄。

"小姐，谢谢！是您让我重新认识了自己的价值。我现在就送您回去。"

心灵直通车： 大人物在我们眼中之所以显得高大，那是因为你站在了他的脚下，仰慕着他们头顶上的光环，忽视了自身的位置与价值。现在，请站起来吧！所有人都是平等的。不要因为我们的工作平凡而轻视自己，只有自己重视自己，别人才会真正地尊重我们。我们要时刻充满自信，把这份自信充实到生活的每一天，用勇气去开拓美好的未来。

救命的早安

懦怯是残忍之母。

——蒙田

1930年，传教士弗莱迪每天在乡村的田野间漫步，这已经成为了他的习惯。

每次，他都会向从他身边走过的人热情地打招呼，问候一声。

有一位名叫亨利的农夫，就是他每天热情打招呼的对象之一。亨利的农庄在小镇的边缘，弗莱迪每天漫步时，都会看到他在田地里工作的身影。传教士每次都会热情地对他说：“早上好，亨利先生。”

传教士第一次向亨利问好时，这位农夫只是回过头，像枯树一样僵硬。这个小镇里的犹太人和本地居民相处得不是很好，更不可能成为朋友，但这并没有妨碍传教士的勇气和决心。

就这样，一天天过去了，他总是以热情的声音和温暖的笑容向亨利问好。

终于有一天，农夫向传教士挥手示意，第一次露出了脸上的笑容。

这样的习惯坚持了好多年，每天清晨，弗莱迪都会高声说：“早上好，亨利先生。”那位农夫也会挥挥手，高声地回道：“早上好，弗莱迪先生。”就这样一直延续到纳粹党上台。

弗莱迪和他的家人以及村中所有的犹太人都被集合在一起送往集中营。弗莱迪则被送往不同的集中营。直到有一天，他被送往奥斯维辛集中营。

弗莱迪被从火车上放下来之后，一直站在长长的队伍之中，等候发落。在队伍的末端，弗莱迪远远地看见有一个指挥官模样的人拿着指挥棒一会儿指指左边，一会儿指指右边。他明白，派到左边的人，只有死路一条，而派到右边的人，还有生还的可能。

他只能听到自己心脏跳动的声音，越靠近那个指挥官，心也就跳得越厉害。

他明白，马上就要轮到他了，他会得到怎样的判决呢？左边还是右边？

他离那个主宰生死的独裁者越来越近了，他非常清楚，此时这个指挥官可以将他送入焚化炉中。

这个指挥官究竟是个怎样的人？他如何能在一天之中将成百上千的人送入死亡之城？

他的名字终于被叫到了，突然之间，心脏跳动的声音消失了，恐惧也消失得无影无踪。他与那个指挥官的目光相遇了。

弗莱迪静静地朝指挥官说：“早上好，亨利先生。”

亨利的一双眼睛看起来依然冰冷无情，但当听到费莱迪向自己打招呼时，嘴角突然抽动了几下，然后静静地回道：“早上好，弗莱迪先生。”接着，他举起手中的指挥棒说：“右！”

“右！”——是生还者的意思。

心灵直通车：关心他人，善待他人，比任何礼物都能带来更好的效果，对他人来说，关心与善待比任何礼物都有更多、更大的实际利益。同样，也能得到他人的关爱。

老人的故事

愚人之心在口上，智者之口在心上。

——富兰克林

这是一场与健康问题有关的答疑会。听众在主讲者谈了将近四十分钟后开始提问。

明显，会议马上要结束了。主持人在宣布还有最后一个提问的机会后，一个坐在前排的老者站了起来。

这位老者看上去有七十多岁，说自己不是要提问题，而是要讲一个故事。

于是，他慢慢地转向听众，叙述起来。他的发音很清晰，但是有些语无伦次。

“……嗯，在商店对面的大楼里有一座大钟……”

这时，正是有很多事等着人们要去处理的黄金时间，人们想离开了。主持人本可以打断老者的演说，但又有哪个稍有良知的人忍心去那样做呢？

老者是那么地热情、急切，他继续说道：“……这时，有人问商店里的那个人是做什么工作的。”

又有八个人离开了，其他的人也移动了座位。也许剩下的人会嘲笑他。

离开的人越来越多，而老者似乎对这一切毫无察觉。

在他旁边坐着的是一位七十多岁的老太太，大概是她的妻子吧。

她也许可以轻轻拉一下丈夫的衣袖，示意他坐下。可是，她的眼神中透露出她深知这个故事的叙述对丈夫来说有多么重要。

这是发生在一个城市的一个房间里的事。老人如果被嘲笑或者被赶下来，又或者在场的人都离开，对整个人类来说也许微不足道，地球上的一切还会照常运行。然而，此时，对于这一间屋子，对于这位老者来说，却是那么的重要。

如果有一个人——不论是什么理由——他有当众讲话的要求，这种要求就应该得到承认。

这时，正如突然开始一样，他结束了这个冗长的故事。然后，他点头向观众致意。

之后的几十秒钟，整个会场都安静了。

突然，几个主持人一起鼓起掌来，好像商量过了似的。听众们也都站起身，热烈地鼓掌。老者沉浸在掌声中，他和妻子露出了微笑。

会议结束后，人们都回家了，但人生舞台上那一个短短的瞬间却永远也不会结束。

心灵直通车： 在与他人的沟通和交往中，我们要学会认真倾听，尤其是听取老人的话。因为倾听会给对方带来极大的满足，这是任何言语都无法替代的。对方获得的不仅是尊重，还有肯定、勇气与自信，以及他们对美好生活的向往与期待。

信任他人

无论掌握哪一种知识，对智力都是有用的，它会把无用的东西抛开而把好的东西保留住。

——达·芬奇

心理学教授卡恩带领着一群学生做实验。

他先让学生们面对着他站成两排。之后，要求后排的同学准备做好救助，等他喊“开始”之后，第一排的同学就往第二排正对着的同学身上倒。卡恩说：“前排的同学不要有顾虑，尽力往后倒就好。准备好，开始！”

前排的学生们若无其事地笑着，按照卡恩教授的指令，身子慢慢向后倾斜，但是，大家都有所保留地掌握着身体平衡，并不肯完完全全地把自己倒在后面同学的身上。

后排的同学早已拉开了架势，准备充当一回救人于危难之中的英雄。但是，因为前面同学送过来的重量太轻，他们也只能不情愿地用手轻轻推一下前排的同学，就算完成了任务。

可是，有一个学生是个例外——这名男生在听到卡恩教授的开始指令后，紧紧闭上了双眼，十分真实且毫无保留地向后面倒去。他的搭档是一位身材瘦小的女生。当她感到他放松地倒过来时，先是微微一怔，吃了一惊，紧接着，便倾尽全力地去抱住他。能看出来，她有些招架不住了，但依然倔强地咬着牙，誓死也要撑住他……她成功了。

卡恩教授笑着走上前去，和这两名同学握手，并对大家说："这次实验中，他们两个人的表现是最出色的。这位男同学为大家表演了'信赖'。什么是信赖呢？信赖是真诚地抽干内心的每一丝顾忌和猜疑，连眼睛也让它暂时歇息，完完整整地交出自己。

"这位女同学为大家表演的是'值得信赖'。值得信赖其实是由信赖催开的一朵花，如果没有信赖的甘泉灌溉，那么，这朵花就有可能在含苞待放中夭折，永远也别想获取绽放的权利。

"当然，如果信赖的甘泉灌溉得充分，灌溉得和谐欢畅，那么，被信赖的人就会被注入一股神奇的力量——就像今天看到的那样，一个弱不禁风的女生可以撑住一个人高马大的男生，一只充满爱意的手就能够托举起一个美丽而多彩的世界。

"如果我们是被人信赖的，那么，我们必然是幸福的。然而，信赖他人，更是一种高尚的行为。

"就让我们先试着做一个高尚的人，然后再去享受他人为我们带来的幸福吧。"

心灵直通车：我们希望得到他人的信赖，希望别人能真诚地相信自己。可是，又有多少人能够真的去相信他人呢？在我们要求别人信任自己的同时，最好先反问一下自己。

学会爱

科学要求每个人有极紧张的工作和伟大的热情。

——巴甫洛夫

美国的一个非洲裔家庭，父亲过世了，家人们从父亲的意外保险中获得了一万美元的补偿款。

母亲认为这是个改善生活环境的大好机会，能够让全家人搬出贫民区，住进田间一栋有果园和花园的大房子。

聪明的女儿想拿这笔钱实现自己的梦想，去念医学院。

然而，大儿子却提出一个很难拒绝的要求。他希望能使用这笔钱，让他和他的“朋友”一起开创自己的事业。他对家人说，这笔钱能够使他功成名就，让家人生活得更好。他承诺，如果能取得这笔钱，他将用自己的努力使家人摆脱多年来忍受的贫困。

母亲虽然感到不妥，最终还是把钱交给了儿子使用。她知道他从没有过这样的机会，他有权使用这笔钱。

然而，他的“朋友”很快就带着钱消失了。儿子只好失望地带着坏消息告诉家人，他的“朋友”偷走了他未来的理想，美好生活的梦想也一去不复返。

妹妹用尽各种难听的话责骂他，用每一个能想出来的字眼讥讽他。她对兄长产生出无限的鄙视。

就在她骂得得意时，母亲对她说：“我曾无数次告诉过你，要爱哥哥。”

女儿说：“爱他？他已经没有任何可爱之处。”

母亲回答：“总有可爱之处。你如果不学会这点，就什么也别想学会。你为他流过眼泪吗？我不是说为了我们的家失去的那笔钱，而是为他，为他所经历的一切和悲惨遭遇。孩子，你认为什么时候最应该去爱别人？当他们把一切都做好，让人感到幸福的时候？如果是那样，你还没有学会爱，因为现在还不是时候。不，应该是在他们最难过、不再相信自己、受尽环境折磨的时候。孩子，衡量别人时，要用客观的态度，要知道他走过了多少曲折的道路，才变成这样的人。”

心灵直通车： 爱是人世间最伟大、最有力量的情感！爱是人性中最耀眼的光芒，爱是深谷里最久远的清泉。它如同清新的小溪潺潺流下，浇息愤怒的指责，唤醒远去的灵魂。无情的嘲讽和尖刻的指责不能救赎任何人的罪过，而爱却能让我们审视自己的内心。

一天等于七十五年

生活便是寻求新的知识。

——门捷列夫

任何一个日本人，以及任何一个在日本生活过的人，都会熟悉日本的第一大牛奶制品厂家——“雪印”。

“雪印”自成立至今，已有七十五年的历史，在日本全国拥有三十多家牛奶制品加工厂，职工六千多名，年销售额在五十亿美元左右，牛奶制品在日本市场的占有率为11.2%，同行业居首。

然而，自2000年6月27日开始，奈良、京都、大阪等日本关西地区的很多居民因喝下“雪印”生产的牛奶制品，而相继出现腹泻、呕吐、腹痛等食物中毒症状。仅这一天，大阪市的卫生部门就接到两百多起电话投诉。

紧接着，“雪印”的另一种牛奶制品被人们饮用后，同样出现了上述的中毒现象，而且中毒人数高达一万人之多。这次中毒事件很快引起了整个日本的震惊。

中毒的原因很快被查清，“雪印”大阪加工厂生产的奶制品中含有金黄葡萄球菌毒素。这些细菌在牛奶生产的运输管道阀门内壁和阀门两端管道的内壁滋生。

工厂承认：“三个星期没有对阀门进行清洗。”而公司的安全生产卫生制度规定，生产线必须每天进行高压水洗，每周必须进行彻底手洗杀菌处理一次。

非常明显，这次事故是人为造成的。这还不算，“雪印”在大阪的牛奶加工厂甚至用退货过期的牛奶充当原料重新利用。

几乎就是在一夜之间，“雪印”这个日本奶制品品牌的名誉一落千丈。

心灵直通车：一次疏忽可将付出七十五年的努力付之一炬。做食品加工生意需要有强烈的责任感，人们拒绝欺骗。如果我们不在乎责任，那么将会受到什么样的惩罚呢？你可以欺骗别人，为什么别人不能用同样的方法回敬你？请记住：心怀恶意地搬起石头，最终砸中的，只会是自己的脚。

只有你可以做到

走自己的路，让别人去说吧！

——但丁

桑德拉晚年因为战争而家破人亡，她卖掉了大房子，只留下原来的一处小茶室自住。

这件事发生的时候，桑德拉正和家乡的亲人在依豆山温泉旅行。这时，有一个十六岁的男孩在依豆山跳海自杀，被警察及时救起。他是个日本人与美国黑人的混血儿，他愤世嫉俗，想了却余生。

桑德拉来到警察局，要求见一下这位青年。

“孩子，”桑德拉叫了男孩一声。他转过头去，没有理她。桑德拉用祥和而温柔的语调说下去，“孩子，你生下来就是要为这个世界做一些除了你没人能够做到的事情，你知道吗？”

桑德拉不厌其烦地说了好几次。青年突然转过头来，说道：“你说的可是像我这样一个连父母都没有的黑人孩子？”

桑德拉不慌不忙地回答："对！就是因为你是黑色的皮肤，就是因为你没有父母，所以你一定能做出一些了不起的事情。"

男孩冷笑着说："哼，当然啦！你觉得我会相信你这一套吗？"

"跟我来吧，我让你自己看看。"她说。

"老糊涂……"男孩虽然嘴硬，但还是跟着她走了出来，他当然不愿意呆在警察局，但又有什么地方可以去呢？

桑德拉把他带到自己的小茶室，让他在菜园里帮忙。虽然生活有些清苦，她却对男孩关怀备至。男孩也慢慢地转变了对她的态度。为了让他栽培些有用的东西，桑德拉给了他一些生长周期很短的萝卜种子。几天后，萝卜开始发芽，男孩得意地哼着小调。很快，萝卜熟了。桑德拉把萝卜腌成咸菜，给男孩吃。

后来，男孩用竹子给自己做了一支横笛，自娱自乐地吹奏着。桑德拉听了非常愉快，赞叹道："除了你，没有人为我吹奏过笛子。乔尔，真好听。"

男孩渐渐对生活有了兴趣，桑德拉便把他送到学校念书。在上学的四年中，他依然帮忙种菜，同时也帮桑德拉做点零活。高中毕业，乔尔白天在地下铁道工地工作，晚上去夜校上课。毕业后，来到盲人学校教学。

"现在，我相信真的有只有我才能做的事情了。"乔尔对桑德拉说。

"你看，我说的对吧？"桑德拉说，"只有正确了解别人的痛苦，才能为别人做有价值的事。"

乔尔心悦诚服地点点头。

桑德拉说："尽量让那些痛苦的人了解活着的快乐，你能从他们的脸上看到感激的光芒。就算像我们这样，对生活充满恐惧而又对生活感到厌倦的人，也能感到有了继续活下去的意义。"

心灵直通车： 我们的心中永远都要有爱，对别人，也对自己。这不是一个真理，因为真理会让很多人感觉沉重；这是一个真理，因为让我们沉重的是自己已经难于适应真理。这是爱的一课，对于乔尔，也对于我们。

将球抱在怀中

生活就像海洋，只有意志坚强的人，才能到达彼岸。

——马克思

在英国曼彻斯特城，英格兰足球超级联赛第十八轮的一场比赛，在西汉姆联队与埃弗顿队之间进行。在比赛还剩下一分钟就要结束时，场上的比分依然是一比一。

这时，埃弗顿队的门将杰拉德在扑球时膝盖受伤，膝盖处的巨痛使得他将四肢缩成一团，在地上不停地翻滚，而足球恰好落到了埋伏在禁区里的西汉姆联队球员迪卡尼奥的脚下。

看台上原先的一片呐喊声，顿时停了下来，所有的人都在静静地等待。迪卡尼奥距离球门只有十二米远，不需要太多技术，只要一点点力量，就能把球轻松地射进对方的球门里。

那样的话，西汉姆联队就将以二比一获得比赛的胜利，在联赛积分榜上，他们也因此可以增加两分。

埃弗顿队之前已经连续输了两场，这个球一旦被射进，他们就将遭遇耻辱的“三连败”。

在几万名现场球迷的注视下——如果算上电视机前的观众——应该是几百万人的注视下，西汉姆联队的球员迪卡尼奥没有射门，而是将球抱在了怀中。

全场响起了雷鸣般的掌声，把赞美之情毫不吝惜地献给了放弃射门的迪卡尼奥，或者说，是献给迪卡尼奥所体现出来的体育精神——和平、友谊、健康、正义！

心灵直通车：迪卡尼奥的这种行为，不能被解释为善良，因为它是一种比善良更具有理性的正义。对一个人来说，善良是可贵的；但对一个世界来说，正义具有更崇高的精神价值。因为在大多数情况下，人们并不缺少善良，缺少的是正义。

受欢迎的韦德

敌人对我们的评价比我们对自己的评价更接近真实。

——拉罗什富科

韦德是卡姆认识的人当中最受欢迎的一个。他总是受到邀请，经常有人请他共进午餐、参加聚会、担任扶轮国际或基瓦尼斯国际的客座发言人、打网球或高尔夫球。

一天下午，卡姆正在参加一个朋友举行的小型社交活动。他发现韦德正和一个漂亮的女孩站在一个角落里。因为好奇，卡姆远远地看了一段时间。卡姆注意到，一直是那位年轻女士在说话，而韦德似乎一句话也没说。他只是偶尔点点头，笑一笑，仅此而已。聊了几个小时后，他们才起身，谢过主人后，便离开了。

第二天，卡姆看到韦德时，忍不住问道："昨天晚上，我在安得森家看见你和一位漂亮的女孩坐在一起。你好像完全把她吸引住了，你是怎么让她这么关注你的呢？”

“非常简单，”韦德说，“安得森太太把爱丽莎介绍给我，我只是对她说：‘你的皮肤晒得太漂亮了，在冬季看起来也是这么的迷人，你是怎么做到的？你去了哪呢？夏威夷还是阿卡普尔科？’

“‘夏威夷，’她说，‘那里永远都是个风景如画的地方。’

“‘你能告诉我这一切吗？’我说。

“‘当然可以。’她回答。于是，我们找了个安静的角落，后来的两个小时里，她一直在聊夏威夷。

“今天早上，爱丽莎打电话给我，说她很喜欢我陪着她。她说还想再见到我，因为我是一个非常有意思的聊天对象。说实话，我整个晚上都没有说过几句话。”

大家看出韦德为什么受欢迎了吗？很简单，韦德只是让爱丽莎谈自己。他对每个人都是这样——对他人说：“能告诉我这一切吗？”这足以让很多的人兴奋好几个小时。人们喜欢韦德，就因为他专注地倾听他们。

心灵直通车：似乎人们都喜欢向别人表达自己的想法，而不擅于倾听别人的表述，因为倾听别人无止境的观点，并不是一件令人心情愉悦的事情。但是，我们要明白，一个真正受欢迎的人，会把讲话的机会让给别人，让自己成为一个忠实的倾听者。

坦诚相待

如果你将一条锁链拴在一个奴隶的脖子上,那么锁链的另一端就会拴牢在你自己的脖子上。

——爱默生

安妮上大学三年级时，与男友布兰德利相识，并很快热恋起来。但一年后，安妮又与另一位男生克里斯产生了感情。

这样，安妮就需要在两个男孩子之间做出一个选择，她选择了克里斯。但怎样与布兰德利提出分手呢？安妮一时还拿不定主意，于是，她找到了心理医生巴雷特先生。

开始，安妮谈话的重点是担心布兰德利不甘心就这样在爱情的竞赛中被淘汰出局，所以会来报复她甚至还有克里斯。

最后，经过深入研究布兰德利的性格特点，他把这种可能性排除了。因为布兰德利是个性情温和的人，况且，她对安妮从来没有过激进的表现。

接着，安妮又提出与布兰德利慢慢地冷淡下去，让布兰德利自己感觉到安妮对他已经没有兴趣。但经过研究，安妮意识到，那样做肯定会影响到她与克里斯的恋情发展。

总之，安妮不愿意背着一个沉重的心理负担去和克里斯约会，她想全身心地投入到与克里斯的恋情中。

安妮又提出给布兰德利写封信，让他明白自己已经另有心上人，要结束他们的恋爱关系，并希望他能尊重这个决定。

但经过讨论，安妮觉得这种做法对布兰德利不够尊重，也对不起他们从前共同拥有的那一段美好时光。

这时，心理医生巴雷特问安妮："你怎么不当面与布兰德利说明自己的感情变化，这比咱们之前讨论过的任何一种做法都要直接、坦诚。"

"我起初也曾考虑过这种可能，但我真的说不出口。"安妮回答道。

"怎么会说不出口呢？"巴雷特先生追问道。

"那样会使布兰德利心里难受，毕竟我们曾经相爱过，毕竟他还在爱着我。我这样说，一定会刺伤他的自尊心。"安妮说。

"那你有没有想过，你对布兰德利拐弯抹角地说'不'字，也一样会刺伤他的自尊心呢？"巴雷特先生启发安妮。

"为什么？"安妮问。

"因为一个人如果真正尊重另一个人，他就会对他坦诚相待，你觉得呢？"巴雷特先生说。

安妮想了想，问道："我该怎么说，才会最大程度地不伤害布兰德利的自尊心？"

"尽可能地突出一个'诚'字。"巴雷特先生说。为了能帮助安妮更好地把握这个字，他们分别做了角色扮演练习，让安妮把握好"真诚"。

安妮后来打电话告诉巴雷特先生，她与布兰德利提出分手是多么得顺利，这令她非常意外。布兰德利不但很有绅士风度地同意了安妮与他分手，而且还感谢安妮给了他一段美好的时光及对他的尊重。

巴雷特先生问安妮，如何看待这次谈话的结果。她说：“我想，是我对他的坦诚态度使他表现得像一个绅士。”

心灵直通车：“精诚所致，金石为开。”人与人之间最大的信任就是精诚相见。诚挚、坦然的态度要比处处提防他人的态度有益得多。给人以诚信，就是对他人最大的尊重，同样，我们也会换取他人的理解与信任。

及时的称赞

友谊既是快乐之源泉，又是健康之要素。

——爱默生

美国汽车销售之王乔•吉拉德有过一次印象深刻的体验。

一次，有一位名人来找他看车，他为这位顾客推荐了一款最好的车型。客人对这款车很感兴趣，并掏出一万美元订金。马上就要成交了，对方却突然决定离去。

乔为此事郁闷了整整一个下午，怎么也想不明白。到了晚上十一点，他忍不住给那人打了一个电话："您好！我是乔•吉拉德，今天下午是我为您介绍了一款新车，马上您就要买下了，可为什么突然离开了呢？"

"喂，你知道现在是几点钟吗？"

"很抱歉打扰您，我非常清楚，现在已经是晚上十一点钟了，但是，我反思了一下午，实在想不出自己有什么错误，所以特意打电话向您请教。”

“真的吗？”

“嗯，发自内心的。”

“很好！你在用心听我说话吗？”

“是的，非常用心。”

“但是，你今天下午根本没有用心听我说话。就在我们签字之前，我提到我的儿子吉米就要进入密执安大学学医科专业，我还提到了他的学习成绩、运动能力以及他将来的理想，我以他为荣，你却毫无反应。”

乔似乎不记得对方说过这些事情，因为他当时根本没有在意。乔认为已经谈好了这笔生意，他不但没有认真听对方说什么，反而把注意力转移到另一位讲笑话的推销员身上。

这就是乔失败的原因。那位客人除了要买车，更需要听到对于一个优秀儿子的称赞。

心灵直通车：上帝给我们每人两只耳朵和一张嘴，就是想告诉我们要多听少说。我们要善于倾听，做一个认真的倾听者，才能让更多的人成为我们的倾听者。

人格的尊严

多谈些实际，少弄些玄虚。

——莎士比亚

一天，英国诗人帕克和几位妇人泛舟泰晤士河上。他用长笛演奏着美妙的乐曲，尽可能逗那些贵妇人开心。这时，游船后面不远的地方，有一艘载着军官的船。帕克看到那只船离他们的游船越来越近，于是，停止了吹奏。军官中有人质问他，为什么把长笛装进口袋里不吹了。

“我把长笛装进口袋里，正如我从口袋里把它拿出来有着同样的理由——都是为了让自己高兴。”帕克回答说。

军官勃然大怒，威胁说，要是他不继续吹长笛，就要对他不客气，还扬言要把他扔进河里。帕克担心吓着那些妇人，于是，忍气吞声地把他那长笛拿出来。只要还能看见对方的船，他就必须吹下去。

天快黑的时候，他看见那个对他粗暴无礼的军官正一个人在伦敦附近一个僻静的地方走着，便朝他走去，冷冰冰地说：“今天，要不是为了避免给我的同伴和你的同伴们带来烦恼，我才不会屈服你那傲慢的命令。现在，为了让你真正相信，一个像我这样普通的人也一样有军人的勇气，明天一早，就在这里，希望你能来，我们就在这里决斗吧。但是，我不希望有别人在场，决斗只在我们两人之间进行。”

帕克告诉他，他们之间的决斗，只有用手中的剑来解决。那个军官毫不犹豫地同意了这些条件。

第二天早晨，两个决斗者按约好的时间，在指定的地点见面了。军官正打算走向决斗的位置，就在这个时候，帕克举起枪对准了他。

“你要干什么？”军官说，“你想杀死我吗？”

“不想！”帕克说，“不过，你必须在这儿跳一会儿舞。否则，你马上就会变成一个死人。”

接下来，是一场小小的争执。帕克显得有些不耐烦了。无奈之下，军官只好屈服了。

当他跳完舞，帕克说：“昨天，你违反了我的意愿，强迫我吹长笛；今天，我违反你的意愿，逼你跳舞。现在，我们两个人的事都以娱乐的方式结束了。”

心灵直通车：我们在生活和工作中，都无意于挑衅任何人，但当小人当道、欺人太甚，想要让我们难堪时，一再忍气吞声根本不是办法，该出手时就出手，利用自己的智慧与力量，哪怕是以牙还牙。这既是维护自己的尊严，也是告诫对方，无论什么人都是有尊严的，而且尊严都是不容践踏的。

叫出五万人的名字

经验是当你没得到想得到之物时所得到的东西。

——斯坦福

吉姆十岁那年，父亲因为意外去世了，留下了他和母亲及两个弟弟。

由于家境贫寒，没办法，他只好中途辍学，到附近的砖厂工作，赚钱贴补家用。虽然他的学历不高，但凭借着爱尔兰人独有的坦率和热情，走到哪里，都受人欢迎，进而步入了政坛。他甚至连高中都没读过，但是在他四十六岁那年，已经有四所知名大学颁发给他荣誉学位，并且高居民主党重要职位，最后，他还担任了邮政首长。

有一次，一位记者问起他的成功秘诀，他说："努力工作，就这么简单。"

记者很不明白，问道："您是在开玩笑吗？"

他反问道："那你觉得我成功的秘诀是什么？"

记者说："听说你能一字不差地叫出五万个朋友的名字。"

"不，你错了！"他马上回答道，"我能叫出名字的人，少说也要有五万人。"

这就是吉姆的过人之处。每次他刚认识一位新朋友的时候，他一定会先弄清他的全名、家庭情况、所做的工作，还有他的政治立场，然后据此先对他建立一个大概的印象。

当他下次再见到这个人的时候，不管时隔多少年，他一定能迎上前去拍拍他的肩，热情地打招呼，或是问问他的妻子和孩子的情况，或是聊聊他最近的工作情况。

有这种本事，怎么能不让人觉得他和善可亲、平易近人呢。

心灵直通车：牢记一个人的名字，并且能准确无误地叫出来，对于任何一个人来说是一种尊重，可以让他人感觉到自己的善意。所以，不要认为名字只是一个简单的代码，它更意味着一种认可和肯定。

一双红鞋

青年人应当不伤人，应当把个人所得的给予各人，应当避免虚伪与欺骗，应当显得恳挚悦人，这样学着去行正直。

——夸美纽斯

多年前，卡丽去法国旅游，当她逛到百货公司的皮鞋区时，看到入口处有一堆鞋子，标着“全国最低价，一折穿回家”。

她看见一双非常漂亮的红色的鞋子，走过去一看，简直令人难以相信，原价七十法郎的鞋子，现在只要七法郎。

她试了试，觉得非常舒服，实在是太完美了，真是喜出望外。更有趣的是，身上的红外套，好像就是为这双鞋订做的一样。

卡丽把鞋抱在怀里，然后赶紧招手呼唤服务小姐。

工作人员面带笑容地走过来：“您好！这双

鞋很适合您，正好配您的红外套！”她伸出手说，“可不可以再让我看一下？”

卡丽把鞋子递给她，开始担心起来，问：“有什么问题吗？价钱不对吗？”

那位服务员赶紧解释说：“不！不用担心，我只是想确认一下是否是那两只鞋……嗯，确实是！”

“什么叫那两只鞋？明明是一双啊！”

那位诚实的服务员说：“既然您这么喜欢，而且也打算买了，我必须要跟您讲清楚，把实际情况告诉您，请到旁边坐。”

她领着卡丽躲开拥挤的人群，来到僻静的角落坐下，以便不被别人打扰，仔细思考再做决定。

她解释道：“非常抱歉！我必须让您知道，它真不是一双鞋，而是皮质相同、尺寸一样、样式也相同的两只鞋。

“您认真比较一下，虽然颜色差不多，但是，还是有一些色差的。我们也不清楚是否在以前卖鞋的时候，销售员或顾客拿错了，各拿了一只。所以，剩下的左右两只刚好又可以凑成一双。

“我们不能对顾客隐瞒实情，免得您以后发现真相，后悔而怪罪我们。如果您现在知道了而放弃，您还可以再挑选别的鞋子。”

这真诚的一席话怎能不让人心软！

何况，穿“两只鞋”又不是立正站好，或是让人拿着鞋仔细对比两边的色泽。

卡丽心里越想越得意，除了决定买的那“两只”外，不知不觉，她又多买了两双鞋。

时隔多年，那两只红色的鞋仍然是卡丽的最爱。每次有朋友夸赞那双鞋时，她就会不厌其烦地讲述那个动人的故事。

唯一留下的后遗症是，每当她到纽约时，就像打了吗啡似的，一定要抽时间再去那家百货公司挑选三双鞋。

心灵直通车：诚实守信是做生意之本，也是做人之本。靠狡猾致富的虽然大有人在，但靠诚实守信获取巨大利润的人比比皆是。每个人都不愿意当受骗者，消费者往往更青睐于守信用的商家。

搭车

除了我们自己以外，没有人能贬低我们。如果我们坚强，就没有什么不良影响能够打败我们。

——华盛顿

爱丽丝刚刚大学毕业，被分配到一个离家很远的公司上班。每天早上七点，公司的班车会准时等候在一个地方来接她和她的同事。

一个非常寒冷的清晨，爱丽丝关闭了刺耳的闹钟后，又继续留恋了一会儿温暖的被窝。还像在学校的时候一样，她尽可能地拖延起床时间，来怀念以前不用为生活奔波的寒假。那一天清晨，她起床比平时晚了五分钟。但正是这不起眼的五分钟，让她付出了沉重的代价。

那天，当爱丽丝匆忙跑到班车等候的地点时，时间已经到了七点零五分，班车开走了。爱丽丝站在空无一人的马路边上，她非常迷茫，一种受挫和无助的感觉第一次向她袭来。

就在她不知所措的时候，她突然看见公司的那辆蓝色小轿车停在前面的一幢大楼前。她想起了曾经有同事告诉过她，那是公司领导的车。果然，天无绝人之路。顿时，她欣喜若狂。爱丽丝不假思索地向那辆车跑去，在稍微犹豫了一下后，她打开了车门，悄悄地钻了进去，并且为自己的幸运感到非常得意。

给领导开车的是一位性情温和的老司机。他通过反光镜看了她一眼。然后，他回过头来对她说："小姐，这不是你应该坐的车。"

"可是，今天我的运气好。"她如释重负地说。

这时，领导夹着公文包快步走来。当他在前排习惯的位置上坐好后，才发现后面多了一个人，他感到很意外。

爱丽丝马上解释说："班车已经开走了，我想搭您的车去上班。"她认为这一切都合情合理，所以说话的语气显得轻松随意。

领导愣了一下，但是很快明白了，他坚定地说："不行，你还没有资格坐这辆车。"然后用斩钉截铁的语气命令道："请你下去。"

爱丽丝一下子就愣住了——不仅是因为从来没有人对她如此严厉地说话，还因为在这之前，她从不认为坐这种车需要一定的身份。以她向来的个性，应该是用力地关上车门，以表明她对小车的不屑一顾，然后扬长而去。但就在那一刻，她想起了如果迟到，按照公司的规定将对她意味着什么，况且她那时非常看中这份工作。

于是，一向聪慧过人但缺乏生活经验的她变得那么无助。她用近乎哀求的语气对领导说："如果您不让我坐，我真的会迟到的。所以，希望您帮帮我。"

"迟到是你自己的事情。"领导冷淡的态度没有任何回旋的余地。

她转而把求助的目光投向司机。但是，老司机目视前方，一言不发。委屈的泪水忍不住在她的眼眶里打转。在绝望之余，她为他们的不讲人情而固执地陷入了沉默的对抗。

他们在车上僵持了一会儿。

最后，让她意想不到的是，他的领导打开车门走了出去。

坐在车后座的她，目瞪口呆地看着上司拿着公文包向前走去。他在凛冽的寒风中拦下了一辆出租车，飞驰而去。泪水终于顺着她的脸颊流淌了下来。

他给了她一帆风顺的人生以当头棒喝的警醒。

心灵直通车： 虽然我们希望这个世界是平等的，但仍然有高低贵贱之分。在任何时候都不要忘记自己的身份，同时，不能忽视他人的身份及这之间的差别。

工作原则

榜样是人类的学校，什么也代替不了。

——伯克

辛迪是美国《悄悄话》专栏的著名女记者，她想约前总统克林顿的夫人希拉里作一个单独的采访。

经过多番努力，她终于使希拉里同意在自己出席纽约曼哈顿大学俱乐部的一个妇女集会后，与辛迪交谈一个小时。

采访就定在曼哈顿俱乐部里，这个俱乐部有着上百年的历史，注重传统，古香古色。

辛迪首先到了那里，在大厅里等候着。到了约定的时间，希拉里还是没来。辛迪开始坐不住了，悄悄地把手机拿出来，想打个电话问一下。守门的老头走过来，对她说："夫人，请问您在干什么？"

"我跟希拉里有个约会。"她说，"我想再

打个电话询问一下。”

守门的老头说：“你不能在这家俱乐部里使用手机，请您出去。”说完，老头就到别的地方去了，辛迪把手机收了起来。

一会儿，老头又走了过来，他看见辛迪没有走，还在与克林顿的夫人在大厅里高谈阔论，在场的还有总统府的高级助理们。

看到这些，守门的老头显然有些生气了，说道：“请你们离开这里，因为这里不允许这样的行为。”

希拉里说：“好的，我们走吧。”说完，便拉上辛迪自觉地走了出去。

心灵直通车： 每个人的工作都有原则，当然，每个人也有自己的处世原则。无论是看大门的平民，还是帝王将相。遵循着自己的原则，既使自己拥有了一份权威，也有了防止别人在自己面前猖狂的自信。

倾听

谁在平日节衣缩食，在穷困时就容易度过难关；谁在富足时豪华奢侈，在穷困时就会死于饥寒。

——萨迪

在美国，有一个名叫《我是干什么的》的电视节目，主持人向来宾进行提问，要求参与的来宾根据他们的提问猜出他具体是做什么工作的。这个节目已经连续播出将近二十五年了。

一开始时，杰西娅觉得自己很难掌握住问题的主要线索。后来，她的丈夫马丁•詹布斯就告诉她：“我从这个节目中得出的结论就是，应该仔细听别人具体在说什么，总之，就是要学会认真倾听。”

杰西娅听取了丈夫的忠告，结果很有成效。

由于集中自己的注意力去认真地听别人说的话，她常常能快速准确地回答出问题。事实上，问题的关键就在于她能够静下心来倾听。

然而，倾听不仅仅是获取重要信息的来源。

一位七十多岁高龄的陌生妇女曾向杰西娅表示过，“认真倾听”其实也是爱你的左邻右舍以及周边人的一种最好的方式。

杰西娅常常在杂货店里碰到这位老妇人，这位老妇人有一双机敏且锐利的大眼睛。每当她看见杰西娅时，眼睛就会放光，显得异常兴奋，她会立即走过来跟杰西娅像多年不见的老朋友一样，谈天说地，滔滔不绝地聊上半天。有时，杰西娅手头的工作确实很忙，家里还有一堆事情等着要做，但是，没有办法，杰西娅不得不强忍着，耐着性子听下去。

“我过几天准备去阿堪萨斯住一段时间，”有一天，老妇人对杰西娅说，“那里的气候很好，春天很暖和，这对我的关节炎是很有好处的。但是，我会不等你想念我时，就会回来的。”

杰西娅听后很是感动，她这才第一次注意到，老妇人的手指既僵硬又有些弯曲。

“就你一个人去吗？”杰西娅问道。

“是的，”她说，“我丈夫已经去世很久了，儿女又不在身边。但是，我通过平时与人们聊天，发现了有许多像你一样热心的人。”

杰西娅的脸上一阵发热，她觉得有些惭愧。

那位老妇人竟然是那么的开心，似乎一点也不因自己的病情而感到伤心。通过平常与人的交谈，她原本平静的生活也变得更加有意义了。她没有什么过高的要求，唯一所需要的，仅仅是一对能够认真倾听她讲话的耳朵。

从那以后，杰西娅深受启发，养成了尽量去倾听别人谈话的好习惯。

心灵直通车：我们花费两倍于自己说话的时间来仔细倾听对方的讲话。这是因为，人只有一张嘴，却拥有两个耳朵。所以，首先应该自信地倾听对方的讲话，从而才能建立起彼此间的信任关系，才能从中受益或获得最后的成功。

一次免费的美容

让我们建议处在危机之中的人：不要把精力如此集中地放在所涉入的危险和困难上，相反而要集中在机会上——因为危机中总是存在着机会。

——卡罗琳

露丝在一家大型超市买完东西出来时，看见有人在发传单，说是为了给公司产品做宣传，免费为大家做一次美容。

“真的是免费做的吗？”在市场经济的今天，凡事都要求回报，按质论价，这种情况不由得令她立刻心生疑窦。

“绝对是免费的，不要钱！”发宣传单的小姐一再强调，信誓旦旦地回答。

回到公司后，露丝与同事说起此事。同事们大叫：“你可千万不要上当，一定不要被迷惑。”还一再叮嘱她要意志坚定，否则，真有可能赔了夫人又折兵，没准还会偷鸡不成反蚀一把米！

几天后，当露丝踏入这家美容店，躺在美容床上时，露丝才真正地体会到了同事们所说的“一定要意志坚定”。

美容师的手刚在露丝的脸上轻轻地揉捏，她那软软的话语就开始在露丝的耳边不停地响起：“小姐，您的皮肤真好，又白又细腻，只是有点发暗，看来，您平时的护理工作做得很少吧？只要保养得好，看上去就能比您的真实年龄小很多呢！”露丝笑笑，她知道，这仅仅是一个小小的前奏，主题马上就要到了。

果然不出所料。

“我们这里的美容护肤产品非常好，跟大品牌的宝洁公司有着完全一样的配方。我们之所以还没有知名度，那是因为我们从顾客的角度出发，不花做广告的钱。我们把用来做广告的钱全部节省下来，用在免费为顾客提供美容服务上。如果买了我们的产品，以后随时都可以享受到我们的免费美容……”美容师笑脸相迎，喋喋不休地演说着她们公司的产品是多么的神奇，大有一副语不惊人死不休的架势。

露丝的同事以前向大家倾诉过，当时就是忍受不了她们那没完没了的絮叨，才买下了一整套护肤产品的。出门后，便痛恨自己意志不坚、心太软。

鉴于同事的前车之鉴，岂有不吸取之道理？露丝只是闭目不语，装作昏昏入睡。其实，她的心中，一直在思考着脱身的对策。就像人们常说的“吃人家的嘴软”，总需要给自己找一个合适而又体面的借口才好吧。

美容本来是一种享受的过程，然而对于露丝来说，此事一点没有平时休息时的那种轻松惬意。看来，天下还真是没有免费的午餐啊。

美容终于做完了，小姐却迎面端出了一大堆瓶瓶罐罐的试用品，拿出将一根稻草说成是金条的精神来做起产品推销。露丝想：“反正我现在已经试完了，坚决不买，但还得装出一副很有诚意的样子，一直听着美容师的介绍。

最后，露丝显得极其认真地对她说：“我也觉得不错，很想买一套，只是我这次没有带那么多钱。”露丝心想，我说没带钱，你们总不能还让我买吧？

谁料，美容师却说：“那也没关系，既然想买，那你就放一点点押金，我帮你留着。现在，我们的产品价格合适，卖得非常好。”

一计不成，露丝眼珠一转，又想出了一个对策：“我怕我的皮肤不适应，如果到了明天，我的脸没有什么不良的过敏反应，我再来买好了。”

“你看，现在的价格这么合适，现在买了，如果感觉不合适，我们保证全额退给您。”美容师的脸色似乎显出一丝不耐烦。露丝实在是没有更好的脱身办法，便大声嚷道：“我不买，您看可不可以？”美容师的嘴一撇，非常气愤，但是，看看身边还有很多顾客，只好悻悻地走开了。露丝这才又一次体会到，其实，撕破脸说出自己的真实想法也是有好处的。

露丝终于坚持住了，没有花一分钱。没准这正是消费者在与众多商家的一次次较量中取得的重大胜利。

心灵直通车：天下没有免费的午餐。尤其是与商家打交道，消费者很少会占到便宜。买家没有卖家精，商家的策略、算盘都打得非常精明，给消费者的好处也像是从牙缝中一点点挤出来的，守住利润对他们来说十分重要。所以，不要盲目地相信任何免费的活动。

一条牛仔裤

妒忌者对别人是烦恼，对他们自己却是折磨。

——佩恩

他那焦灼而又渴望的眼神终于捕捉到了她那修长秀丽的身影。她今天刚穿了一条超时髦的紧绷在身上的牛仔裤。这位姑娘长得漂亮，个子也高，两条腿又直又长，活像一只在草原上奔跑的梅花鹿。

一次意外的相遇，使赛德尔像着了魔似的不由自主地顺着她的方向，跟在她后面一直走去。前面，似乎是他梦寐已求的，那才是他的最崇高的理想。

他坚信，只要用一种独特的方法就能接近她。他考虑了一种又一种有可能结识对方的方法，但是每想出一个看似不错的办法，又立刻被否定，因为要博得这样一位姑娘的一眸，更别说是好感，肯定是件极其不容易的事情。

姑娘跑着过去，追上了一辆公共汽车。赛德尔也随后跟了上去。一个阳光、活泼的小伙子，敏捷地挤过一个个乘客，终于走到她旁边，比划着开始对她说些什么。但是，小伙子忽然扭头，发现后面的赛德尔怒气冲冲地扬起眉毛，正直直地盯着他看，那个小伙子急忙闪躲到另一边去了。

后来，姑娘下车了。他也紧跟着下了车。姑娘似乎发现了自己身后那个紧跟着她的“尾巴”。

赛德尔似乎觉得她对他微微笑了一下，这使他重新鼓起了勇气。但他还是认为在处理这种玄妙的问题时不能急于求成，费了九牛二虎之力，万一遭到拒绝，可就白费了心机，全完了。他一想到这里，便觉得十分扫兴。

姑娘在一所房子前停了片刻，准备进去。

赛德尔想：如果姑娘进去了，就没有机会了。于是，他赶忙喊道：“您等一等！”话音刚落，姑娘便停下了脚步。

“您听我说，”赛德尔急忙跑到她面前，气喘吁吁地说，“我想占用您一点时间，和您谈谈。”

姑娘耸了耸肩，有点不知所措。

“我发誓，我这是第一次，”赛德尔说，“我终于遇到了我曾幻想多年，梦想了半辈子的……其实对我来说，您……”

“小伙子，你别妄想了，我已经结婚了，我有孩子和丈夫！”对方没等他说完就直接打断了他的话。

“这又有什么关系？”赛德尔抬高声调说，“这到底有什么区别？求求您啦！我又不是准备不花钱。”

年轻的妇女脸色变得阴沉，生气地说，“你究竟要干什么？走开！”

“牛仔裤！我就是想要您穿着的这条牛仔裤！”赛德尔低下头喃喃地说，“您误会了，别的什么我都不要。就是请您把现在穿的牛仔裤能够卖给我！”

心灵直通车： 每个人都有自己的惯性思维方式。在人与人的日常交往过程中，应该换位思考，站在他人的立场来考虑问题，这样就会避免产生一些不必要的误会和麻烦，否则就会做出一些令人啼笑皆非的事情。

实话先生和撒谎先生

人并不是因为美丽才可爱，而是因为可爱才美丽。

——托尔斯泰

在一次灯光绚烂的盛大舞会上，实话先生有幸见到一位气质非凡、风韵犹存的优雅老妇人，他走过去微笑着向她行礼，说："您这个样子，使我情不自禁地想起您年轻的时候。"

老女人微笑着说："那是什么样子的？"

"十分漂亮。"

"难道我现在就不漂亮了吗？"老女人一直微笑着，但也好似带着几分戏谑地反问。

实话先生一脸坦诚，很认真地说："是的，和年轻时的您比起来，现在的您，皮肤不仅早已松弛，而且还缺少光泽，还多了抹不去的一串串皱纹。"

老女人听后，脸色白一阵红一阵地，显得十分尴尬，瞪着那双略微愠怒的双眼，极力保持自己的风度。只是，刚才的那点自信早已不复存在了。

这时，撒谎先生也来到老女人面前，他显得那么的彬彬有礼。他伸出手，真诚地邀请老女人和自己跳支舞。撒谎先生说："您是这个舞会上最有气质也是最漂亮的女人，如果您能接受我的邀请，我将会感到终身有幸，托您的福，我也会是这个舞会上最幸福的人。"

老女人刚才失神的眼睛像变魔术似的，顿时闪现出了迷人的神采，她应允了，伸出了自己那已经干枯的手。

撒谎先生和老女人在舞池里跳得似乎很尽兴，他们跳了一曲又一曲，由开始的迪斯科到后来的双人恰恰。老女人的脸上散发着青春的活力，同时也沉浸在这无比的幸福之中。

实话先生静静地坐在一边，看着这对年龄、个头都极不协调的舞伴，摇了摇头。撒谎先生边跳边微笑着对那个老女人说着什么，老女人就像被注入了能量一样，萌发了年轻人的活力，全身洋溢着无尽的激情与魅力，舞也跳得更像个年轻人一样。在那里，看不出她是一个老人，展现出的完全是一个出色、漂亮的时尚女郎！

舞会终于结束了。

实话先生走过去，叫住那位刚送走老女人的撒谎先生，问道："你这个骗子，跳舞的时候，你到底对她说了什么花言巧语？"

撒谎先生笑笑说："我只是对她说'你真漂亮，我爱你，你是否愿意嫁给我呢？'"

实话先生瞪大了眼睛，为此，他感到十分惊愕。实话先生气愤地说："你对一个老妇人还撒谎！你根本就不会娶她。"

"你说得真对。可她听后很高兴，难道你在旁边没有看见吗？"

两人争执得面红耳赤，还差点动起手来。最后，两人不欢而散。

第二天，他们各自意外地从邮差那里收到一封讣文："×月×日于×地来参加×××的葬礼仪式。"

那天，在墓地的他们做梦也没有想到又一次的不期而遇，两人的目光都落在了那口棺材中，在那里安静地躺着的，正是前几日还在舞会中跳舞的那位老女人。

葬礼结束后，一位仆人模样的人走过来，将两封信按照署名分别交给了参加葬礼的实话先生和撒谎先生。

实话先生当即打开信，这样的内容展现眼前："实话先生，你说得没错。衰老、死亡是自然规律，这些都不可避免，但一旦说出来，却好似雪上加霜，别笑话我这个老妇人，我将把我这一生所记的日记全部赠送给你，那里面还原出来的是真实的自我。"

撒谎先生也打开了老女人给他的信："撒谎先生，我十分感谢你那信誓旦旦的诺言。因为它让我在弥留的最后一夜竟然过得超乎想象，是如此的美妙幸福；它让我原本枯竭的生命再一次燃起了类似青春的活力；它化去了我内心那层厚厚的霜雪。我将把我名下的所有遗产都馈赠给你，请你利用它去编织美丽的谎言吧！"

心灵直通车：诚实是一种美德，虽然很重要，但是凡事都要讲究场合。谎言虽然人人痛绝，可恨、可恶程度至深，但在某些特定的场合，它还是有一定的价值的，也是颇受人们欢迎的。因为有很多谎言是善意的、美丽的，局限在某种范围内的话，大家通常会微笑对待。

人们对你有点误解

令人沮丧的是，有那么多人对诚实感到吃惊，而对欺骗感到吃惊的人却又是那么的少。

——科沃德

乔布斯是一个品行不太好的人，平时不但好吃懒做，还有小偷小摸的坏习惯，向人家借了钱，不但不还，还总是拿去赌博，本钱一去不返后，再伸手向朋友借钱。

一次又一次，周围所有的人都讨厌他，几乎没有人再愿意借钱给他，即使他想改邪归正，找点本钱做个小买卖，也筹不到钱。

于是，他就跑到一个平时没有什么来往的远房亲戚家去借钱，那是他平生第一次向她张嘴，他原以为她肯定不知道自己的底细。

乔布斯没有多费口舌，她也很爽快地答应了。在拿到钱准备转身离开的一刹那，她却叫住了他："曾经有人专门打电话来告诉我，说你肯定是不会还钱的，让我千万不要把钱借给你，但是我相信，你绝对不是他们所说的那种人，也许人们对你有点误解。”

在听到亲戚的这句话之前，他原本准备拿到借来的这一千美元再去赌一把，赢了就准备吃喝玩乐，输了再继续找人借。但是，这句话却给了他很大的震动，他停了片刻，没有说话，然后关上门离开了。

过了几天，他起身离开了家乡，到外地繁华的大城市打工去了。

半年后，那个亲戚意外地收到了一千美元，那是他从外地寄回来的。

三年后，乔布斯出乎所有人的意料，衣锦还乡，把从前欠下的所有的钱全部都还清了。

心灵直通车： 否定一个人只是因为一件微不足道的小事，也许是那么偶尔的一瞥。但要想肯定一个人，却总是需要漫长的时间来考验。如果我们每一个人都学会换位思考或站在第三者的中立角度，设身处地为他人着想，并能大度地给予他人一次机会和一丝余地，那么，这个漫长的考验过程就可以缩短很多。

心中有他人

良好的开端是成功的一半。

——贺拉斯

学校聘请了一位专门从事学生心理学研究分析工作的安东尼博士，邀请他给学生们作一个名为《心中有他人，眼里有世界》的学术报告。

报告的具体地点选在阶梯教室，时间是下午两点。

离约定的时间还有近二十分钟的时候，安东尼博士就赶到了作报告的阶梯教室。教导处主任卡尔不安地说："安东尼博士，还要您在这里等我们的学生，我们实在是太失礼节了。"

安东尼博士微微一笑说："不要介意，我提前来这里是有意图的，过一会儿你就明白了。"

不到二十分钟，阶梯教室就已经座无虚席。看来，学生们都已经到齐了。

一阵又一阵表达敬意的热烈掌声风起浪涌。安东尼博士挥挥手，示意大家安静。

掌声过后，安东尼的报告却没有开始。只见他满脸笑容地从台上径直走下来，一直走到第十四排中间那个位置。最后，在一个眼神怯怯的男生面前，安东尼博士深深地鞠了一躬。

在场的所有人都目瞪口呆，阶梯教室一片寂静。

安东尼博士对满脸疑惑的同学们说："我十分敬佩我身边的这位可爱的同学，由衷地敬佩使我向他深鞠一躬。大家可能禁不住会问，这究竟是为什么呢？难道是因为他来得比较早吗？

"答案是否定的。那么，难道是因为他的坐姿好吗？也不是。还是让我来告诉你们吧：在你们刚入场的时候，我就一直在仔细地观察，我发现，有许多先到的同学一进来，就直接抢占了教室里那些靠边的座位，在他们眼里，那一定就是所谓的'黄金座位'。我们来想想看，这些位置好进好出，实在是很方便！只有这位同学一走进教室，直接舍弃了第十四排中依然还空着的'黄金座位'，果断地坐到了中间这个进出都极其不方便的座位上。

"接下来的时间里，第十四排的座位便像芝麻开花似的向两边生长出花朵，这使我看到了我当初最希望看到的那种最佳入场次序。

"我仍然在继续观察，发现，先前那些已经抢占了'黄金座位'的同学真可谓是备受其苦，因为座位之间的行距有限，每一个后来者要经过旁边往里进，最外边的人不得不屈膝盖蜷起身子，或是起立一次。

"我还观察到，有个处在'黄金位置'的捷足先登的同学在刚才短短的十几分钟里，竟先后起立了十几次！同学们，你们想想看，利己与利他在某些时候就是如此奇妙地统一、结合在一起的。"

心灵直通车： 不要总是一味地去抱怨别人给自己带来无尽的麻烦，不要总觉得生活中不可预知的烦恼太多，如果你真的想听到关于爱的乐曲演奏得惟妙惟肖，那么，就请你首先把靠边的座位预留给别人吧！请永远记住：只要心中有他人，他人也才能容纳下你；眼里有了世界，世界也就此成了你。"

把敌人视为自己人

一定的忧愁、痛苦或烦恼，对每个人都是时时必需的。一艘船如果没有压舱物，便不会稳定，不能朝着目的地一直前进。

——叔本华

1944年的一场战役过后，苏军把德军驱赶出了国门，数以万计的德国兵被俘。每天都有大批的德国战俘神情沮丧地穿过莫斯科的大路。

当德国士兵从街道上走过时，所有的路边都挤满了人。许多苏军官兵和警察在战俘与围观者之间拉起了警戒线。围观的人大多数是妇女，她们中的每一个人，都饱受战争的折磨，因为她们的亲人被德军杀死了。每一个德国士兵都欠她们一笔血债。

围观的妇女们热血沸腾，心中怀着满腔的仇恨，当俘虏们出现在大街上时，她们那双勤劳的手攥成了坚硬的拳头。苏军士兵和警察们用尽全力阻止着她们冲上前，生怕她们控制不住自己的情绪，酿成苦果。

这时，一件令人意想不到的事情发生了：一位年过五旬的妇女站了出来，她穿着一双破烂不堪的长筒靴，慢慢移步到一个警察身边，希望警察能同意她走近那些俘虏。警察看到老妇女可怜的样子，便同意了她的请求。

这名妇女站到一名俘虏身边，从怀里掏出了一个用脏兮兮的方巾包裹起来的东西。原来，方巾里面包着一块灰色的面包。她看着面前这位疲惫不堪的德军俘虏，心疼地把这块灰色的面包塞到了他的衣兜里。

俘虏的双腿只能勉强支撑他站起来。她看着自己身后那些一个个满目仇恨的同胞们，开口说道："当他们手持武器，出现在血腥的战场上时，他们是我们的敌人。但是，当他们放下武器，站在大街上时，他们和所有人都是一样的，他们和'我们'一样，是拥有共同的外形、共同人性的人。"

话音刚落，街道上的整个气氛全都改变了。围观的妇女们从四面八方一齐涌向德军俘虏，把带来的面包、香烟等各种食物塞给了战俘。

现在，战俘不再是我们的敌人了，他们已经成为了自己人……

心灵直通车: 我们是想把敌人变成自己人，还是把自己人变成敌人，这个问题体现了人性归途的两种可能性：一种引领我们通往天使之路，另一种把我们带到魔鬼之城。人类的确是一个令人不可思议的群体，高贵的人拥有那么高贵的人性，而凶狠恶毒的时候竟然是那么的不尽人情。

第三章
Part3

学会宽容：让你的胸怀比天大

忍辱负重

人生重要的事情是确定一个伟大的目标，并决心实现它。

——歌德

在法国，有一位思想纯洁、道德高尚的牧师，他的名字叫利顿。在当地，他广受市民的称颂与爱戴。人们都认为他是一个值得敬佩的圣者。

有一对夫妻，有一个年轻漂亮的女儿。一家三口在住处附近开了一家小食品店，三个人的日子本来过得很幸福，但是有一天，夫妇俩发现女儿的肚子一天比一天大。可是，他们的女儿还不到二十岁。

原来，他们的女儿怀孕了。这种见不得光的事，使得夫妇俩异常愤怒。好端端的一个大姑娘，竟然做出了这种令人羞愧的事。

在他们的逼问下，女孩起初并没有承认孩子的父亲是谁。但是，他们不甘心就这样生活下去，夫妻俩经过苦苦逼问之后，女孩犹豫不决地说出了两个字——利顿。

听到是牧师利顿干的，女孩的父母带着她，怒气冲冲地去找利顿理论。但是，牧师面无表情，若无其事地答道："真的是这样吗？"

等女孩把孩子生下来后，孩子就被送给了利顿。此时的利顿已经名誉扫地，但他并不在乎，反而更加细心地照顾孩子。

为了将这个孩子抚养成人，利顿向教堂乞求牛奶和生活用品。他虽然经常会遭到他人的白眼和冷嘲热讽，但是他不在乎，总是淡然地面对挫折，仿佛他是受人委托，在抚养别人的孩子一样。

事隔一年后，这位未婚妈妈再也不忍心这样欺瞒下去了。她老老实实地向父母交待了实情：孩子的亲生父亲是一名在鱼市贩鱼的青年。

她的父母听后大惊失色，立即把她带到了利顿面前，真诚地向他道歉，请求他的原谅，并把孩子领了回来。

利顿再次见到了这一家三口，仍然是面无表情。他没有借此机会好好地教育他们，只是在交还孩子的时候，若无其事地问道："就是这样吗？"仿佛这件事根本没有发生过一样，即使有，也只是瞬间即逝。

利顿身上这股不同寻常的"忍辱"修行，赢得了更多人的爱戴和更长久的称颂。

心灵直通车：真正做到忍辱负重，的确不是一件简单的事。如果能够忍受不公平的待遇，并以平常心来面对，就能达到人生的一个至高境界，这也正是我们的目标，更是我们追求的方向。我们要坦然面对生活中的挫折，用微笑去迎接所有的困难。

人情味

人只有献身社会，才能找出那实际上是短暂而又有风险的生命的意义。

——爱因斯坦

幽默大师威尔•罗杰斯说：“我喜欢所有人，一个令人烦感的人好像还没有出生呢。”

我猜想，他的意思应该是世界上不喜欢他的人还没出生呢。罗杰斯年轻的时候，遇到过这样一件事，可以证明这一结论。

1898年的冬天，威尔•罗杰斯继承了一片牧场。有一天，他养的一头牛由于跑到外面，冲进附近的农家篱笆院里去啃嫩玉米，被农家的主人杀死了。

按照牧场的规矩，农夫杀了罗杰斯的牛后，应该通知他一声，并说明原因。但是，农夫并没这样做。

当罗杰斯知道这件事后，非常气愤，便带着一个仆人陪他一起去找农夫理论。

半路上，他们遇到了寒流，人和马的身上全都挂满了冰霜，两人差点被冻死在路上。当他们抵达农夫家时，恰巧农夫不在家。农夫的妻子便热情地招待了两位客人，等待她的丈夫回来。

罗杰斯喝着热茶，发现这个女人面容憔悴，躲在桌椅后面的五个孩子瘦得像猴子一样。他们正在偷偷地窥视着他。

农夫回来了，妻子告诉他，罗杰斯和他的仆人是冒着狂风寒流过来的。罗杰斯正准备开口说明来意，没想到，农大却友好地伸出手，邀请他留在家里吃晚饭。

“家里现在什么也没有，两位只好吃些豆子了。”农夫感到歉意地说，“刚才在外面宰牛，因为起了大风，所以没有宰完。”

罗杰斯经不住主人的盛情，两人便留了下来。于是，几个人围坐在一张桌子上吃饭。罗杰斯的仆人一直等待他的主人和农夫提自家的牛被杀了的事，但是，罗杰斯一直在和农夫一家说说笑笑，根本不提正事。

而农夫的孩子们一听说从明天开始，以后的一个月内都有牛肉吃，便兴奋得直跳。饭后，外面依然刮着狂风，农夫一家挽留罗杰斯和他的仆人，希望他们能在寒舍暂住一晚。无奈之下，二人又在农夫家里过了夜。

第二天早上，罗杰斯和仆人在农夫家吃过早餐后，肚子饱饱地踏上了回家的路。

罗杰斯从到农夫家一直到离开时，对农夫把他家的牛杀了的事，只字未提。仆人看不下去了，便责备他：“咱们来这里，不就是为了咱们的牛来惩罚他的吗？为什么你却一个字都没提呢？”

罗杰斯沉默半晌，最后，他说了一句：“我原本是想去教训农夫的，但是后来，我又仔细考虑了一下，你知道吗？虽然我失去了一头牛，却得到了一点儿人情味。世界上的牛千千万，但这人情味儿却是稀有的。”

心灵直通车：在生活中，有一种美妙而又和谐的节奏，当我们不费任何力气就能与它保持相同的步伐时，我们就会在生活中找到快乐和激昂的精神。那么，我们为什么不去努力向着和谐的生活前进并与其保持和谐，尽情地享受生活呢？

分清善恶

水果不仅需要阳光，也需要凉夜。寒冷的雨水能使其成熟。人的性格陶冶不仅需要欢乐，也需要考验和困难。

——布莱克

一只羚羊奔跑在草原上，糟糕的是，它的脚上扎进了一根钉子。它用了很多办法，还是没有把钉子拔出来。

它的同伴们都在为它担心，因为它无法快速奔跑，随时都可能变成狮子的午餐。

为了不丢下同伴，羚羊们向草原上的其他动物朋友求救。他们发出求救信号，宣布如果有谁能帮忙拔出脚掌上的钉子，就会得到丰厚的报答。

恰好此时，一只正在向南飞翔的白鹤路过此地，得知这一消息后，它停下来，来到那只受了伤的羚羊身旁，用它那又尖又长的嘴夹住钉子，用力往外一拔，钉子便被拔了出来。

羚羊们十分感谢它，为了表达谢意，它们把白鹤带到一个水塘边，那里有足够多的鱼和虾。白鹤饱饱地吃了一顿丰盛的美味，带着羚羊们的美好祝福上路了。

当白鹤快要飞过大草原时，它决定停下来休息一会儿。

恰好，它发现了一块看起来很舒适的平地，当它正准备落脚时，忽然看见一头狮子。

这头狮了躺在一块人石头上，狐狸、豺狼和众多的小鸟们围在它的身旁。

原来，这头狮子在吃一只刚刚逮到的羚羊时，被骨头卡住了喉咙。它疼得要命，样子看起来难受极了。

狮子向草原上的鸟兽发布了告示：谁能帮它把卡在喉咙里的骨头弄出来，必有重赏。

白鹤见此情景，从空中落到地上，摇了摇自己的长脖子，心想：我的脖子那么长，肯定能帮狮子把骨头取出来，不但帮助了狮子，还能得到重赏。

于是，白鹤走近狮子，把脖子伸进了它的嘴里，白鹤用力向后一使劲，骨头就从狮子的嘴里被叼了出来。

狮子非常高兴，它感到舒服极了，朝天大吼了一声，一下子从石头上跳下来，摁住身旁的狐狸，一口吞了下去。

此时，站在一旁的白鹤见狮子没有兑现自己的诺言，便质问道：“尊敬的狮子先生，您答应给我的奖赏呢？”

狮子一听，愤怒地咆哮道：“难道你还没有得到奖赏吗？你把头伸进我的嘴里，还能活着出来，这就是我给你的最大的奖赏。”

心灵直通车： 在善良的人面前，我们会得到羚羊式的报答；而在恶人面前，我们只能得到狮子式的奖赏。恶人是不值得我们伸出援手的，因为帮助恶人是愚蠢的行为。如果我们被现实迷惑，帮助了恶人，还希望从中得到回报，那就是更加愚蠢的行为。不要期望从狗嘴里得到骨头，也不要期望从鳄鱼那里得到同情。

肯定不会有老鼠

上天生下我们，是要把我们当做火炬，不是照亮自己，而是普照世界。

——莎士比亚

费尔南多的家刚刚装修完，还有很大的涂料味。因此，他搬到附近一家清静的小旅馆里暂住几日。他出门前，只带了两双袜子，装在一个雪茄烟盒里，还有一瓶用旧报纸包着的酒，以便在想喝的时候来上一口。

半夜时分，费尔南多刚要进入梦乡，忽然听到卫生间里传来一阵奇怪的声音。过了一会儿，一只小老鼠跑了出来，它跳上了梳妆台，闻了闻费尔南多带来的行李，然后又蹿到地板上，做了些怪异的动作，好像是在练体操。紧接着，这只老鼠又跑回了卫生间，里面又传来一阵奇怪的声音，一晚上都没有停止过。

第二天早晨，费尔南多对旅店的服务员说："我住的这间房里有老鼠，胆子特别大，晚上一直在乱叫，吵得我一夜都没睡好。”

服务员耐心地说：“尊敬的客人，我们这家旅馆里不可能有老鼠，这是星级旅馆，而且我们刚刚装修过，房间的物品都是全新的。我想，那奇怪的声音一定是您的幻觉吧！”

费尔南多下楼时，对电梯司机说：“你们旅店的服务员真是尽职尽责啊，我告诉她我的房间里有一只老鼠，昨大晚上吵了我一夜。她居然说那是我的幻觉。”

电梯司机一脸肯定地回答道：“她说得很对，我们这里肯定不会有老鼠的！”

费尔南多的话很快就被传开了。旅店前台的服务员和门口的保安都用异样的眼光盯着他：此人只带了两双袜子和一瓶酒来住旅馆，偏偏又在绝对不会有老鼠的旅馆里看见了老鼠！

无疑，费尔南多的言行得到了很多荒谬的评语，那些是不懂事的孩子和孤傲固执的老人特有的评价。

第二天晚上，费尔南多的房间里又出现了奇怪的叫声，还是那只小老鼠，它照旧伸展一下筋骨，跳来跳去。费尔南多决定不再沉默下去，必须采取行动。

第三天早晨，费尔南多在超市买了一只老鼠笼子和一小包咸肉。他将这两件东西包装好，偷偷带进了旅馆，不让服务员发现。

第四天早晨，费尔南多起床时，看到老鼠在笼子里睡觉。他兴奋地将老鼠笼子关好，打算不和任何人说话，只将笼子提到楼下，放在前台，证明自己并没有胡说。但是，就在他准备走出房间时，忽然觉得这样做有些不妥。

费尔南多自言自语道：“我这样做是不是太无聊了呢？而且还会招人烦？是的！我要做的不是拿出证据反驳他们，而是要证明在这个所谓的‘肯定不会有老鼠’的旅店里确实有一只老鼠，从而让他们将老鼠一举消灭。我用一个雪茄烟盒装上两双袜子，外带一瓶酒，博得了旅店服务员眼中的异样光彩。如果我这样做，贬低了自己的身价，他们会以为我是一个不惜采取任何手段证明我的言论是正确的，且心胸狭隘、迂腐无聊的人……”

想到这些，费尔南多决定放弃原来的想法，放出老鼠，让它从窗外宽阔的窗台上跑到隔壁的屋顶上去。

半个小时以后，费尔南多在一层前台办理了退房手续，离开了旅馆。出门时，他把一只空老鼠笼子递给了服务员。在场的所有人都向费尔南多点头微笑，看着他推门而去。

心灵直通车： 即使是一个非常宽容、大度的人，在面对他人指出自己的错误并进行评价时，也是无法忍受的。我们在让步于别人的同时，自己也得到了更大的空间。睚眦必报只会令自己无路可走。“忍一时风平浪静，退一步海阔天空”的道理谁都知道，但是，真正能做到这些的人，又有多少呢？

主宰自己的命运

人生的悲剧有二：一是欲望得不到满足，二是欲望得到了满足。

——萧伯纳

在一次大学语文课上，老师给学生们留了一个作业：阅读下面的文章，并思考文章中提出的问题。在下一堂课上，将自己的答案讲出来与大家分享。文章的大意是：

年轻的亚瑟国王不幸被邻国抓获。但是，邻国的国王并没有杀他，反而对他说，只要亚瑟王能够回答出一个非常难的问题，他就可以将自由还给他。

这个非常难的问题是：女人真正需要的是什么？

这个问题看似简单，但是，要想回答正确，的确不易，即使是最有见识的人都无法找到合适的答案，更何况是年轻的亚瑟国王。于是，好心的人们为他指引了一条路，让他去请教一位老女巫，只有她才能回答出这个问题。

女巫在听了亚瑟国王的问题后，答应告诉他答案，但他必须答应女巫的一个条件。女巫的条件是：让自己和加温结婚。

亚瑟王被女巫的这一条件震惊了，这简直不可思议。加温是亚瑟王最高贵的圆桌武士之一，也是他最亲近的朋友。而他面前的女巫，驼背、丑陋不堪，满嘴只有一颗牙齿，浑身散发出难闻的恶臭味儿……

亚瑟王拒绝了女巫的条件，他不能为了自由而让自己的朋友娶这样的女人。加温得知这一消息后，对亚瑟王说："我同意和女巫结婚，在我眼里，没有什么比拯救你的生命、让你重新获得自由更重要的事了。"

于是，加温与女巫宣布结婚了。女巫也按照约定回答了亚瑟王的问题：女人真正需要的是有权利主宰自己的命运。听到这一答案，每个人都觉得女巫的回答是真理。于是，邻国的君主释放了亚瑟王，并给了他永远的自由。

我们再来看一看加温和女巫的婚礼吧，这将是一场多么令人难堪的婚礼呀！

亚瑟王想到为自己牺牲了幸福的加温，在难以解脱的痛苦中不停地哭泣。在婚礼上，加温的表现像平常一样温文尔雅，而女巫展示给大家的却是最丑陋的行为：用手抓食物塞在嘴里，蓬头垢面，用嘶哑的声音大声讲话。她的一言一行令在场的所有人作呕。

新婚之夜慢慢来临，对于加温来说，这将是一个可怕的夜晚。但是，为了履行当初的诺言，他依然坚强地面对这恐怖的夜晚。然而，当加温走进新房后，却被眼前的一幕惊呆了：一个世界上绝无仅有的美丽女人半躺在他的婚床上！加温如履梦境，不知这个女人到底是谁，她为什么会在自己的婚房里。

美女对加温说："当我是一个丑陋的女巫时，你对我体贴入微，我感到非常幸福，因此，我让自己在一天的时间里，一半是美丽的，另一半是丑陋的。亲爱的，在白天和夜晚，你想要得到哪一半呢？"

这是一个多么残酷、令人难以抉择的问题呀！面对新娘的提问，加温开始思考自己的困境，他到底是想在白天向朋友们展现一位美丽动人的女子，还是选择在白天拥有一个丑陋的妻子，但在晚上，可以与一个绝世美女共度甜蜜时光呢?

故事到这里就结束了，问题是：如果你是加温，会做出什么样的选择呢?

在第二天的语文课上，同学们给出的答案五花八门，但归纳起来只有两种：一种是选择白天是女巫，夜晚是美女。他们的理由是妻子是自己一个人的，不能爱慕虚荣，自己心里明白就可以了。另一种选择是白天变美女，晚上变女巫。理由是白天可以得到朋友们羡慕的目光，到了晚上，反正也是在漆黑的屋子里生活，美与丑都显得不那么重要了。

老师听了同学们的答案，没有给出任何评价，只是将故事的结局告诉了大家："加温没有做出任何选择，只是对他的妻子说：'既然你说女人真正需要的是有权利主宰自己的命运，那么，就由你自己来决定吧！'于是，女巫选择了在白天和夜晚，都是一个美丽的女人。"

听到结局后，所有的同学都沉默了。是啊，为什么我们没有一个人给出的答案和加温的是一样的呢?

心灵直通车： 我们经常以自己的喜好来为他人的生活进行安排，却没有想过别人是否愿意。如果我们能站在对方的立场上，多为对方考虑，多付出一些爱心与关怀，我们会不会也像加温那样，得到一份令人出乎意料的回报呢?

最后一课

用言语做不了多大的报复，但言语会招致很大的报复。

——富兰克林

二战期间，少尉莱德勒在美国海军中服役，他所在的炮艇“塔图伊拉”号停泊在了威尔士。这天，他得知当地要举办一个“不看样品的拍卖会”，拍卖会上的输赢，全凭运气。于是，莱德勒充满信心地前去参加。

拍卖会的拍卖商是以爱搞恶作剧而闻名遐迩的，因此，当拍卖商拿出一个密封着的大木箱时，参会的所有人都相信那里面一定装满了石头。然而，莱德勒却不这么认为，他开价三十美元，没有人再跟着他加价。当拍卖商的锤子落下之时，莱德勒便以三十美元的价格得到了它。

打开木箱后，里面装的竟然是两箱威士忌。要知道，在二战时期，威士忌是极其珍贵的酒，有钱也买不到。

于是，众人沸腾了，那些犯了酒瘾的人出价三十美元想从莱德勒那里买一瓶，却被莱德勒拒绝了，理由是他不久就要被调走，正准备和战友开一个告别酒会。

当时，美国著名作家海明威得知这一消息后，也犯起了酒瘾。他来到“塔图伊拉”号炮艇上找莱德勒，对莱德勒说：“听说你以三十美元的价格买到了两箱威士忌，我想买六瓶，你开个价吧！”

莱德勒微微一笑，婉言拒绝了。

海明威拿出一沓厚厚的美钞，说：“卖给我六瓶，你要多少钱都行！”

莱德勒考虑了一下说：“那好吧，我不要钱，你用六堂课来换六瓶酒吧，用六堂课教我如何才能成为一个作家，这个条件可以吗？”

海明威耸了耸肩，笑着对莱德勒说：“兄弟，我可是用了好几年的工夫才学会写作的，你的威士忌可真够贵的！”但是，海明威控制不了自己的酒瘾，“好吧，我们成交！”

如愿以偿的莱德勒连忙将六瓶威士忌给了他。

在未来的五天里，海明威按照当初的约定给莱德勒上了五堂课。莱德勒为自己与海明威的交易感到得意，他用六瓶酒换来了美国最杰出的作家的六堂课。

海明威拍了拍他的肩膀说：“你果然是个精明的生意人啊！我只想知道，剩下的酒你喝了多少瓶了？”

莱德勒说：“一瓶也没有，因为我要用它来开告别会呢。”

海明威因为家里有事，不得不提前离开威尔士。莱德勒把他送到了机场，海明威笑着说：“我并没有忘记，我这就给你上第六堂课。”

伴随着飞机的轰鸣声，海明威说：“在对别人进行描写前，自己首先要成为一个有修养的人……”作家顿了顿，接着说：“首先，要有同情心；第二，要学会以柔克刚，绝对不能嘲笑不幸的人。”

莱德勒说："这些与当作家有什么关系呢？"

海明威字正腔圆地说："这是对你的生活至关重要的一课。"

莱德勒没有明白他的意思。

即将登机的海明威突然转身对他大声喊道："亲爱的朋友，在为你的告别酒会发出请柬之前，一定要先将你的威士忌抽样检查一下！再见啦！"

回到炮艇之后，莱德勒打开剩下的所有酒瓶，发现里面装的根本不是酒，而是茶水。直到现在，莱德勒才明白，海明威早就知道了实情，但是只字未提，也没有嘲笑不幸的人。他依然履行诺言，完成了交易。

此时，莱德勒真正明白了海明威为他上的最后一课的真正涵义——原来，他是希望自己做一个有修养的人。

心灵直通车：当别人遭遇不幸时，我们要以宽容的胸怀面对，并给予同情和安慰。相反，如果我们自己吃亏上当、遭遇到不幸时，更应该保持冷静、坦然面对，事已至此，发再多的牢骚也无济于事，它只会为我们增添更多的烦恼。

零美元

天才是百分之一的灵感加上百分之九十九的勤奋。

——爱迪生

在美国的德克萨斯州，有这样一条法律：凡年满十四周岁的孩子必须尽全力为父母分担家务，比如洗碗、扫地、修剪草坪等。

有一个叫琼斯的小男孩，他非常聪明。在一个周末的晚上，琼斯为了得到零花钱，便给妈妈写了一份账单：

琼斯到超级市场帮妈妈买食品，妈妈应付五美元；琼斯自己起床叠被子，妈妈应付两美元；琼斯为家里擦地板，妈妈应付三美元；琼斯这么懂事，是一个听话的好孩子，妈妈应付十美元。妈妈总共需要支付二十美元。

琼斯写完后，把账单放在餐桌上，用一个杯子压好后，便上床睡觉去了。

妈妈累了一整天，忙得满头大汗地回到家后，看到了这份账单。妈妈摇了摇头，宽容地笑了笑，在背面写了几行字，放到了琼斯的枕边。

当琼斯醒来后，看到了妈妈写给他的一份账单：

妈妈怀胎十月，含辛茹苦地将琼斯带到这个世界上，琼斯应付零美元；妈妈教琼斯走路、说话，琼斯应付零美元；妈妈每天为琼斯做可口的食物，琼斯应付零美元；妈妈周末陪琼斯去游乐场，琼斯应付零美元；妈妈每天为琼斯祈祷，希望他变成一个天使般可爱的小朋友，琼斯应付零美元。合计零美元。

直到现在，琼斯的孩子已经长大成人了，妈妈写给他的这份账单，一直被琼斯珍藏着。因为它告诉了琼斯，真正的爱是无法用金钱来衡量的。

心灵直通车：琼斯的妈妈为什么如此慷慨？那是因为她心中有对儿子的爱；妈妈又为什么如此宽容呢？那是因为母爱太深。等到我们有了妈妈心中那么深、那么伟大的爱时，我们也会只索取零美元。

马铃薯薄片

大地上有黑暗的阴影，可是对比起来，光明更为强烈。

——狄更斯

威尔斯是一名职业厨师，在悉尼的一家大餐厅工作。

一天，服务员从客人的桌子上端回一盘油炸马铃薯片，对威尔斯说："客人说你的马铃薯片切得太厚了，一点口感都没有，希望你能切得薄一点。"

威尔斯用手拨弄着马铃薯，发现厚度与平常一样，以前从来没有客人抱怨过。但是，为了满足客人的要求，威尔斯还是以他专业的身手，将马铃薯片全部对切一半，再放进滚烫的油锅里炸了几分钟，然后吩咐服务员端给刚才那位客人。

没过几分钟，服务员又端着盘子回来了，无奈地对威尔斯说："还是刚才那个挑剔的客人，他说我的服务态度不好，没有把客人的需求表达清楚，客人还是嫌马铃薯片太厚。”

听了这番话，威尔斯觉得这个客人确实很挑剔，但想一想，与其浪费时间与客人理论，还不如将马铃薯片再切薄一点省时间，也不用找气受。等威尔斯再将炸好的薯片捞起来后，顺手在上面洒了一些椒盐。因为威尔斯考虑到马铃薯太薄，会失去原来的味道。

服务员再次端着盘子送到了那个客人的餐桌上。

服务员回来后，笑着对他说：“刚才那桌的客人真是奇怪，我们做与平时一样的马铃薯片，他嫌太厚，不好吃。现在却又称赞你的厨艺，夸你调理得很棒，还说从来没有吃过这么好吃的炸马铃薯片，简直太好笑了。”

从此，这道超薄的炸马铃薯片就成了威尔斯的一大招牌菜。同时，还引来了许多慕名而来的客人。威尔斯的超薄马铃薯片发展到现在，已经成为大众最喜爱的零食之一——薯片。

心灵直通车：当我们与他人发生矛盾时，千万不可意气用事，即使自己有道理，也要冷静面对，否则，只会两败俱伤。退一步，你将会发现，你的宽容和大度会给你带来意想不到的收获。

同喝一碗汤

宙斯若要毁灭一个人，首先使这个人疯狂。

——索福克勒斯

一位美丽的小姐来到一家餐厅就餐。她将一碗汤端在了桌子上，当她坐下时，突然想起刚才买的面包忘了拿。

于是，她起身去吧台取回面包。当她重新返回到自己的餐桌上时，令她惊讶的一幕出现了，她的座位上坐着一位黑人男子，他正在津津有味地喝着自己的那碗汤。

美丽的小姐愤怒到了极点，她想说：“你这个混蛋，凭什么喝我买的汤！”但是，这伤人的话始终没有说出口，她寻思着：“也许是他太穷了，实在是太饿了才坐在这里吃饭的吧。就这样吧，算我倒霉，把汤送给他吧。但是，也不能让他一个人独自享用这碗汤。”

于是，美丽的小姐好像没有看到黑人男子一

样，一本正经地坐在了他的对面。小姐拿起一把汤匙，一声不吭地喝起了汤。

就这样，美丽的小姐和黑人男子共同喝着一碗汤，你喝一口，我喝一口。两人互相看看，谁都没有说话。

这时，黑人男子突然站起身，从吧台端来了一大盘面条，摆在她面前，并且拿来了两把叉子。

就这样，两个人继续吃着。

吃完后，各自站起身，准备离去。

“再见！”美丽的小姐热情地说。

“再见！”黑人男子也友好地回应了一句。看起来，他的心情非常愉悦，有一种莫名的欣慰感。因为他以为今天做了一件好事，帮助了一位贫穷而又美丽的小姐。

黑人男子离开后，美丽的小姐才发现，就在旁边的一张餐桌上，摆放着一碗没有人动过的汤，这碗汤正是她自己的那碗。

心灵直通车： 这是个很美的故事。矛盾双方的误解给彼此都带来了一种愉悦的心情。我们试想一下，如果美丽的小姐和黑人男子都讲出自己的道理与对方争辩，那么，估计谁也喝不到新鲜味美的汤，谁也吃不到香喷喷的面。通过这个故事，我们要学会在生活中与人分享，因为与人分享，也是一种美丽的享受。

不经意间的评论

侏儒站到巨人的肩上，就能比两者本来都看得更远。

——赫伯特

吉亚卡摩·普契尼是意大利著名的歌剧作曲家。

一天，普契尼前往斯卡拉剧院观看他的新歌剧《托斯卡》。这时，普契尼注意到，台下的观众对这部戏的评价非常高，这使得普契尼十分得意。

“请问，您为什么不鼓掌呢？难道您不喜欢这部戏吗？”邻座的一位陌生女子好奇地问道。

“嗯，确实不太喜欢。”普契尼答道，他对这个女人的提问感到很有兴趣，于是接着说，“戏里有些地方写得不够详细。”

“那又有什么关系？作者有创新的权利。”陌生女人反驳道。

“也许……不过最差劲的地方应该是模仿。难道您没有听出来，这部戏里有些曲调是受威尔第的影响吗？”

“这有什么，这只不过是继承了意大利的传统。”陌生女子不服地反驳道。

“我可不这样认为。另外，这部戏的合唱太拖拉了，我觉得应该更轻巧、更生动一些。”

“您确实是这样认为的吗？”

“当然。”

第二天，普契尼打开报纸，一个醒目的标题映入眼帘——普契尼关于他的新歌剧《托斯卡》的谈话。令他更为震惊的是，这篇文章居然把他开玩笑时说的关于这部新剧的评论几乎一字不差地刊登了出来。

普契尼万万没有想到，那位在剧院中坐在他身旁的陌生女人竟然是米兰当时最畅销的报纸的评论家。

心灵直通车：在他人面前，我们要适当谦虚，谦虚要把握好度。过分谦虚，别人会说我们不真诚；谦虚过度，别人会说我们骄傲。叔本华曾经说过：“假如你才智平庸，谦虚就是真诚；假如你天赋甚高，谦虚就是虚伪。”虚伪的谦虚，只能为我们带来庸俗的掌声，而不能使我们得到真正的进步。

小错误

一匹马如果没有另一匹马紧紧追赶并要超过它，就永远不会疾驰飞奔。

——奥德维

恩斯特教授的脸上长满了胡须，这使他看起来很凶，不容易接近。

刚开学，教授分配的第一个作业发了下来，满分只有十分的作业，竟被老师扣去了两分，小格里心里一阵沮丧。突然，他发现手中的作业有一点问题，他简直无法相信自己的眼睛。

教授刚刚宣布下课，小格里就冲到他面前。还没等他开口，教授就冷冰冰地说："我的课已经结束了。如果有问题，请与我的秘书预约。明天上午，我会在办公室里一对一地回答你的所有问题。"

第二天，恩斯特教授的办公室门半开着。小格里还没看到教授的面孔，就听到教授轻声说道："请进。"

小格里匆忙推开门，恩斯特教授看了一眼手表说：“同学，你迟到了两分钟。”

“对不起，我是第一次来，走错了路，刚才走到另一个方向了。”小格里解释道。

教授似乎不愿意听他的解释，不耐烦地摇了摇头：“这和我有什么关系呢？我只关心我们已经约定好的时间。好了，你有什么问题需要我来解答？”

小格里拿出考卷，平整地放在教授的办公桌上，说道：“对不起，我把‘Hartman’写成了‘Hartmen’，把‘a’写成了‘e’。这是我的小失误，今后我会注意的。可是，这个作业满分只有十分，因为一个小小的字母，就被您扣掉了两分，是不是扣得有点多呢？”

“还有其他的问题吗？”

“没有了。”

“如果是这样，那么，我就回答你这个问题，这是第一次回答，当然也是最后一次回答这个不算是问题的问题。”

恩斯特教授拿起笔，在纸上一笔一画地用大写字母写下了“HARTMAN”这个单词，用手指轻轻在上面敲了敲：“这是一个人的名字，如果写错了，就好像把一只狗叫成了猫。你认为这样的问题还不够严重吗？”

“教授，我明白了，我保证以后不会再发生类似的错误。对不起，打扰您了。”

“我接受你的道歉，但是，我不会因此而修改成绩的！我有我的原则。如果一个学生把狗叫成了猫，而我还说他说得没错，那恐怕以后会酿成更大的错误。”

这是小格里在二十年前上学时的一段经历。

在这漫长的二十年中，小格里忘记了很多旧事，但这件事，他一直清清楚楚地记得。

也许正是恩斯特教授因为所谓的“把狗叫成了猫”扣掉的两分，才使他在走向成功的道路上，避免了很多错误。

心灵直通车： 把a写成e，这种错误我们经常会犯，看起来无关紧要。但是，如果我们把狗叫成了猫，会产生什么后果呢？人们经常以为大错才是错，那些小错不算是错误，根本不值得一提。殊不知，千里之堤，溃于蚁穴。有时候，就是一点一点的小错误引来了更为惨重的败局。

不同的声音

一个人思虑太多，就会失去做人的乐趣。

——莎士比亚

一位编辑对外出采访的记者说："新闻太多了，版面不够用，最多只能写三十个字，多一个字都不行。"

于是，报纸刊登了以下一则新闻：

妇人巴巴拉于巴劳街人行道踏蕉皮滑倒，送大学诊所，诊断为断腿。

这则新闻发表后，立即引来了广大读者的关注。

报社接到了一封挂号信，是一名香蕉出口商寄来的。信是这样写的："本公司强烈抗议贵报有损于本公司产品之声誉一事。最近一段时间，贵报社至少刊登了十四则对香蕉出产国极为不利的消息，本公司认为，贵报社的这种行为是蓄意诽谤。"

同时，大学诊所的负责人也寄来了一封信。信中指出，"送"这个字用词不当，有暗示该诊所

“不尊重病人、没有及时赶到现场抢救”之嫌，这肯定不是该诊所的一贯做法。此外，该负责人还强调，他可以证明，该妇人确实因跌倒而断腿，而非报纸上所说的“恶意中伤”，这会使读者认为是在送往医院的途中所致。

该市负责建筑的工作人员也打来了电话，指出该妇人踏蕉皮跌倒与人行道的路面情况没有任何关系。又指出，行人安全斑马线委员会经过了六年的调查研究，很快会提出一份报告。因此，建筑部希望报社在发表新闻时尽量避免提起人行道，以免引发政治方面的后果。

第二天，报社修改了这条新闻，标题是这样的：妇人在街上失足，腿断。

第三天，报社的编辑只收到两封信。

第一封信是妇女维权组织寄来的呵斥信。信中说：“本组织强烈反对贵报社用‘妇人’‘失足’等带有歧视意义的字眼，这会引起‘堕落女人’的误会。另外，这种标题还证明了妇女的形象再一次受到那些大男子主义的人不忠诚的污蔑。”最后，该组织在信中扬言要付诸法律行动并采取其他手段，联合各界共同对付该报社。

第二封信是一个读者寄来的，他要求取消订阅该报，理由是该报社刊登的新闻都不值得一提，毫无价值、没有任何意义的新闻越来越多。

心灵直通车：面对同一件事，大家有着不同的看法。谁是谁非，没有一个衡量的标准。通常，面对这种情况，我们允许出现不同的声音。但是，必须要有一个主旋律，否则，我们的社会将会无矩可循。

尴尬的约会

人类全部的智慧都归纳在两个词里面——等待和希望。

——大仲马

霍奇是一个喜欢搞恶作剧的人。

一天，他的一个朋友给他介绍对象。这位朋友不想管太多，便给了霍奇一个电话号码，让霍奇自己和她联系。

霍奇觉得这种约会方式很有意思，作为男方，霍奇就先给她打了一个电话。

在电话里，她的声音很甜。于是，霍奇便自然而然地猜想她的相貌应该也很好，但是他也不能因此而断定。女孩在电话里说知道霍奇的一些情况，并说她马上就要去和霍奇见面。

女孩的学校离霍奇那里不算近，至少要换乘三次公共汽车。霍奇当然不忍心让一个女孩为自己受累，便连忙劝她不要过来，在学校等着他过去。

可是，女孩坚持说要过去找他，霍奇也坚持说最好是他过去。

恰巧就在这个时候，电话突然断了。

再打过去时，竟然打不通了。

这样一来，霍奇没了主意：“我们争执的话题还没有解决呢，到底我是过去，还是等她来呢？”

霍奇犹豫了半天，认为这是两个人第一次打交道，还是采纳女孩的意见比较好。

结果，霍奇在家里空等了整整一个下午。

第二天，霍奇又给她打了一个电话。

“我等了你很长时间。”女孩说。

霍奇向女孩说明了情况，然后请她在电话在未断之前，确定今天的见面时间与地点。

“我看没有这个必要了。”女孩说。

“为什么？”霍奇好奇地问。

“我和你都太精明了。”女孩意味深长地说。

电话里，两人沉默了半分钟。女孩笑了，说道：“要是昨天下午，我和你都去找对方，都扑了个空，该多好啊，你说呢？”

霍奇说：“嗯，我认为那样的场面应该是非常感人的。”

女孩没有再说什么，挂断了电话。

这一天，他们果然都扑了个空。

第三天，女孩主动打电话给霍奇，对他大发脾气，并且说，她无论如何也不会嫁给一个像他一样愚蠢的家伙。

心灵直通车：缘分可以让陌生的路人相识，爱慕可以使两个相识的人相爱。彼此之间增加几分沟通，就会减少很多不必要的误会；如果增加几分宽容，就会减少很多争吵；若我们多些珍惜，就会出现一段美好的姻缘。

上帝的代理人

人们往往在回忆过去、抱怨现在和害怕未来中度过一生。

——里瓦罗尔

有一对犹太老夫妻，他们的生活非常拮据，经常吃不饱饭。最后，他们到了走投无路的时候，老头对老太太说："亲爱的老伴儿，咱们给上帝写一封信吧，请求他来帮助我们吧！"

听了老头的话，老太太极力赞成。

于是，老两口认真地给上帝写了一封信，请求上帝帮助他们摆脱贫穷，并赐予他们一些食物。信写好后，他们签上了自己的名字，写上具体地址，将信封好。

"这回麻烦了，我们怎么做才能把信寄到上帝那里去呢？"老太太皱着眉头说。

"上帝无所不在。"老头儿信誓旦旦地说，"无论我们用什么方式把信寄出去，上帝都能收到。”

老夫妻携手走出门去，向天空中把信一扔，风立刻把信“邮”走了。

正在这时，有一位善良的富人在街上散步，风正好把信吹到他的脚下。

他好奇地把信捡起来，并拆开看。信中的字字句句是那么的虔诚与天真，他立刻被这对老夫妻感动了。

富人非常同情他们，面对老夫妻的悲惨处境，他决定帮助他们。他在银行提了一些钱，找到信上写的地址，来到了老两口的家，敲响了那对老夫妇的门。

“请问，纳特先生住在这儿吗？”富人敲了敲大门，问道。

“是，我就是纳特。”老头儿热情地答道。

富人朝他笑了笑，说道：“有件事，我要和你说一下，”他拿出了手中的信，继续说，“就在几分钟之前，上帝收到了你们寄给他的信，我是上帝在这个地区的代理人，上帝让我给你们送来一百卢布。”

“快来瞧瞧！老伴儿，”老头子兴奋地大声喊道，“上帝真的收到我们的信了！”

老夫妇高兴地收下了钱，对上帝的代理人表示感谢。

可是，当那位富人走了之后，老头子露出些许猜疑。

“怎么了老头子？你在琢磨什么呢？”他的妻子问道。

“老伴儿，我在怀疑这位代理人的诚意，”老头子若有所思地说，“那个代理人看起来并不忠诚。他很有可能骗了我们。你知道‘代理人’是干什么的吗？就是从中收钱的人。我想，上帝很可能让他带给我们两百卢布，他却留下一半，当成自己的佣金了。”

心灵直通车： 现实生活中，有很多人会像这位富人一样向需要帮助的人伸出援助之手，往往会因为对方没有弄清情况而遭到误解。此时的你，是选择以怨报怨，还是一笑了之呢？其实，我们完全没有必要去计较是否会被人误解。我们只要相信，自己的良心会给自己最公正的评判。

半个小时的演奏

提出一个问题往往比解决一个问题更重要，因为解决问题也许仅是一个数学上或实验上的技能而已。而提出新的问题、新的可能性，从新的角度去看旧的问题，都需要有创造性的想象力，而且标志着科学的真正进步。

——爱因斯坦

有一位名叫吉姆的小男孩从小酷爱小提琴。吉姆七岁时，就与旧金山交响乐团合作演奏了门德尔松的小提琴协奏曲。未满十岁时，吉姆就在巴黎举行了一次公演。人们称吉姆为神童。

1926年，十岁的小吉姆在父亲的带领下来到了巴黎。吉姆的父亲希望艾涅斯库可以收下吉姆这个学生，这也是吉姆一直以来的愿望。

吉姆真诚地说：“我想跟您学习小提琴！”

艾涅斯库看了一眼小吉姆，冷漠地回答道：

“我想你找错人了，我从来不给私人上课！”

吉姆没有失去信心，坚持说：“但是，我必须向您学琴。我求求您，先听我拉一曲再做决定好吗？”

艾涅斯库说：“这恐怕不行，我正好要出一趟远门，计划明天早晨六点半准时出发。”

小吉姆连忙说：“我可以提前一个小时过来，在您收拾行李的时候拉给您听，绝对不耽误您任何时间，求求您了，好吗？”

艾涅斯库看到小吉姆意志坚决，便决定给他一个机会：“那好吧，你明天早上五点半到克里希街26号，我会在那里等你。”

第二天，小吉姆如约见到了艾涅斯库。早上六点钟，艾涅斯库完整地听了吉姆的演奏，他非常满意，激动地走出房间，对在门外等候的吉姆的父亲说：“我决定收你的儿子作为我的学生，但是，我不要学费，因为他给我带来的欢乐完全多于我给他带来的好处。”

从此，小吉姆成了艾涅斯库的学生。他珍惜机会，努力向老师学琴。最终，他学到了艾涅斯库的精华。

他就是后来闻名于世的小提琴演奏家梅纽因。

心灵直通车：外表再冷漠的人，也会被打动，比如乔治·艾涅斯库。只要你坚持不懈，只要你拥有非凡的才华，那么，光明就在眼前，再没有退路的事，也会为你留出余地。

相信自己的眼光

如果你想射中目标,你就必须瞄得略高一些。

——良费罗

有一位年轻人，历经千辛万苦得到一份销售工作，就此勤勤恳恳、兢兢业业地干了大半年。可工作上不但没有任何起色，反而在几个重要的大项目上接二连三地失败。而与他一起的同事，个个都成绩斐然。他实在忍受不了这种内心的折磨了。

在老板办公室里，他惭愧地低着头，喃喃地说："也许我根本不适合干销售这种工作。"

"不要有压力，安心工作吧！我会给你充足的时间，直到你觉得自己成功为止。到那时，你若再要坚持离开，我绝不会留你。"老板宽容的话语让这位年轻人十分感动。他想，自己最起码要做出一两件像样的事来才能再决定辞职。于是，在后来的工作中，他便多了一些冷静和认真的思考。

又过了一年，年轻人再次走进了老总的办公

室。只是这一次，他是极其轻松的。他的销售业绩已经连续七个月在排行榜上首屈一指，成了现在当之无愧的销售冠军。原来，这份工作竟然是如此适合他。他感到非常纳闷：当初，老板为什么会将一个败军之将继续留下来任用呢?

“因为，我比你更不甘心。”老板的回答打乱了年轻人的思绪，完全出乎他的意料。老板继续解释道：“我记得在前年招聘时，公司收下一百多份应聘材料，而我只挑选了其中的二十多人来面试，最后，只录用了你一个。如果我接受你那天的辞职，那么，这无疑证实我自己是失败的。”

“我深信，既然你能在众多的应聘者中得到我的亲自认可，也一定有能力得到客户的认可，你缺少的仅仅是机会和时间。与其说我对你信心百倍，倒不如说，我相信我绝对没有用错人。”

心灵直通车：宽容与信任是相互的，它不仅是一个人的高尚情感的表现，而且也是一种人与人之间沟通的重要纽带。给别人多一点宽容，相当于给自己多一点信心，从而能更容易地成就一个转败为胜的全新局面。

自毁的声誉

读一切好的书，就是和许多高尚的人说话。

——笛卡尔

当曼迪诺在写作《矢志不渝》这本书的第一份手稿时，他雇佣的是一位名叫普劳密斯的先生。曼迪诺自己讲述，让普劳密斯先生把自己几个小时的讲述录音进行整理，编排文字，这些录音其实就是曼迪诺将要出版的那本书的文本内容的基础。

誊写工作必须在规定的时间内完成，因为这一点对曼迪诺很重要，他曾经承诺出版社，在他们要求的期限之前一定会信守诺言，把稿子交上去。普劳密斯先生很能干，看起来才华横溢，他的工作速度也十分惊人，实习成果也出类拔萃，他许诺在两个星期之内完成曼迪诺指派的文字任务。

一开始，他确实是遵守承诺。但是，两三天之后，曼迪诺发现，普劳密斯手头的工作变得很糟糕、很机械，没有什么实质性的进展，他变得心浮气躁。

在普劳密斯整理的文章中，也由于情绪和心理因素产生了大量的低级错误，比如排印方面。更可气的是，有的甚至还丢掉了一些小段落，这样，故事就变得上下不太连贯了。很明显，他目前的工作早已不能像他当初承诺的那样，按时且又有成效地完成了。

每次，当曼迪诺快要交稿子，去找普劳密斯时，普劳密斯都说自己的工作已经差不多完成了百分之九十。但是，当曼迪诺第二天再去要即将完成的工作时，还是停止在昨天的百分之九十上。

一次次，曼迪诺最终彻底失望了。他为普劳密斯先生的这种不遵守承诺的拙劣工作一次性付了钱，打发他走了，接着又找了另外一名誊写员。

一年过去了，曼迪诺幸运地得到了一份政府的大的订单合同。这份合同数额巨大，需要他做的就是做大量的誊写工作。按照双方的合同约定，曼迪诺在当地一家知名的报纸上登了一则广告，内容是专门邀请那些具有誊写能力的人来竞标。

普劳密斯先生得知了这个消息，专程打电话给曼迪诺，一方面是为他们上一次合作的不愉快表示歉意，另一方面是向曼迪诺保证这一次他有能力做得更好。当他问曼迪诺在这次新的工作上是否会优先考虑他的时候，曼迪诺笑了笑，礼貌地拒绝了他。

心灵直通车:一次不厚道的行为可以让你身败名裂，永无翻身之日，即使是无数次的忏悔，也不足以恢复你本来的面目，这是因为被摧毁的声誉很难重建，正如覆水难收一样。

最高贵的事

一个人的两脚必须扎根在他的祖国,而他的双眼却应当看到全世界。

——桑塔亚那

很久以前，英国的一个岛屿上住着一位十分富有的商人，他觉得自己年事已高，身体状况也不容乐观，便决定从三个儿子中挑选出一个优秀的继承人，将手下的产业尽早地分出去。一天，富商将三个孩子叫到身边，对他们说："我要给你们每人一笔资金，你们从明天开始，一起去周游天下，做笔生意。"

临行前，富商叮嘱孩子们："我给你们的期限是一年，一年后再回到这里，告诉我你们在外的这一年内，经历的事情中所做过的自己认为是最高贵的事情。

"我的财产不愿意分割，集中管理才能发挥最大的升值空间，让下一代也更加富有；一年的时间，能做出我认为最高贵的事情的那个人，就能得到我名下的全部财产！”

一年过去了，三个孩子回到了父亲身边，并按照长幼次序一一汇报这一年来在外面的收获。

老大说：“在我出去闯荡期间，曾经偶遇到一个年迈的老人，我与他一路同行，他十分信任我，将一袋金币交给我保管。后来，他突发疾病不幸过世了，我便将那一袋子金币一文不少地交还给了他的家人。”

父亲说：“你做得很对，但诚实是你应该具有的美德，这称不上是一件高贵的事情！”

老大说完，老二接着说：“我旅行到了一个偏远的小村庄，见到一个衣衫褴褛的小乞丐，他不幸掉进了河里，引来了附近很多人的围观。我知道情况后，立即跳下马，奋不顾身地跳进河里救起了那个落水的小乞丐。”

父亲说：“你做得很对，但救人是你应尽的责任，就像对父母尽孝一样，也称不上是一件高贵的事情！”

老三迟疑了半天说：“我有一个仇人，他千方百计地来陷害我，有好几次，我差一点就死在这个歹毒的人手中。

“在我旅行的途中，有一个夜晚，我独自骑马走在悬崖边，发现我的仇人正好在崖边的一棵树旁睡着了。那个时候，我只要轻轻一抬脚，就能把他踢下悬崖，让他命丧九泉。但我没那么做，我上前叫醒了他，告诉他那里很危险，让他趁天还亮着，继续赶路。这实在不算是什么大事情……”

父亲脸色缓和，正色道：“孩子，能够帮助自己的仇人，是一件高尚而且神圣的事，你已经办到了。从今天起，我所有的财产都将是你的了。”

心灵直通车：仇恨是一种怨恨，它是阻碍人们进步的最大的负面力量，也是让我们陷入情感低潮的最大元凶。如何化解仇恨呢？这需要我们拥有一颗宽容的心，用真诚的“爱”来化解它。唯有真正纯情的爱，才能化解内心的一切仇恨。真正的爱，是保护您不会堕入低潮的一种安全网。爱，是需要我们不断学习的，而且，必须从此时此刻开始！

感恩的心

辛苦是获得一切的定律。

——牛顿

乔治和安妮是一对极其平凡的夫妇，住在小镇的一条没有名字的街道上，那里有一幢普通的房子。和其他的夫妇一样，他们勤勤俭俭，每天都因柴米油盐而算计着过日子，想尽办法照顾好自己的一双儿女。

他们和大多数夫妻一样，两人偶尔也会吵架。他们常常会谈论他们的婚姻到底是在哪里出了问题，最终责任应该归咎于谁。

后来有一天，一桩看似极不平凡的事情发生了。

“你知道吗？安妮，我有个十分神奇的柜子。只要一拉开那个柜子的抽屉，一眼就能找到我想要的袜子和内衣内裤，”乔治说，“感谢你这么多年来一直把家打点得这么有条不紊。”

安妮从眼镜上方瞪了丈夫一眼："你在说什么呀，乔治？"

"没什么，我只是想告诉你，我有一个神奇的抽屉，我非常感激你。"

乔治最近已经不是第一次做这样的怪事了，因此安妮并没有留意。两三天之后，又发生了另一件奇怪的事。

"安妮，你这个月在账簿上记的支票号码，并不是准确无误的。十六次中，你一共记对了十五次，太棒了，感谢你为家付出的一切！"

安妮简直不相信自己的耳朵，于是，她放下手中的针线，抬头问："乔治，你总是责怪我又记错了支票号码，现在怎么一反常态，不挑剔了？"

"没有功劳还有苦劳呢！我只是想要你知道，我感谢你这么多年一直那么地费神。"

安妮觉得有点不可思议，摇了摇头，又拿起她手中的针线，喃喃自语道："他究竟在搞什么鬼？"

尽管如此，第二天，安妮在杂货店开支票时，还是情不自禁地多看了支票簿一眼，以确定号码是否准确无误。

"为什么我竟然对那些支票中再平常不过的号码格外在乎起来了呢？"她在心里自言自语。她竭力不去想这件事。可是，乔治的态度最近变得越来越古怪了。

"安妮，这顿晚饭实在是好吃极了，"一天晚上，乔治说，"辛苦你了，谢谢。掐指算来，已经有十五年了，这十五年来，你为我和孩子至少做过一万四千多顿饭吧？"

然后他又接着说："哟，安妮，我们的房子可真干净，这一定花了你很多的工夫。"

他甚至还说："安妮，像你现在这样子，真的很不错，能跟你在一起，简直是我这辈子最幸福的事了！"

安妮越来越不习惯。

"他以前的那些让人难以下咽的、尖酸刻薄的话究竟到哪儿去了呢？"

她在心里一个劲儿地犯嘀咕。

十四岁的女儿美娟也证实了不仅仅只有安妮一人产生了这样的疑问。她的丈夫最近一段时间确实有点不正常。美娟说："他刚才不停地称赞我漂亮。我这副打扮，衣着还如此邋遢，他竟然说漂亮，我看他的脑子可能出问题了。"

乔治一直没有恢复到原来的样子。他从早到晚，一直不停地赞美别人。如此几个星期，安妮渐渐习惯了丈夫近段时间的蹊跷态度，有时还不由自主地勉强应声答道："谢谢你。"她对于自己心中的那份从容自若，由衷地感到自豪。

但是，后来的某一天，发生了一件更为稀奇的事，使她一时方寸大乱。

"我要你现在就去休息，"乔治说，"我来洗碗吧，请你放下那个煎锅，立刻离开烟熏火燎的厨房。"

安妮迟钝了好半天，才微笑着回答说："谢谢你，乔治！"

自此以后，安妮的脚步一下子变得轻快了，自信心也在瞬间增加了许多，偶尔还会哼上一两句熟悉的歌。她似乎觉得自己现在的心情一下子放松了，再也不可能忧郁了。"我实在是太喜欢乔治的这种新态度了。"她心想。

心灵直通车： 怀有一颗感恩的心去面对你周围的环境和身边最亲近的人，及时肯定他们的所作所为，告诉他们你的感激，你会发现，生活竟然是如此的美好与和谐。

应得的小费

凡是想获得优异成果的人，都应该异常谨慎地珍惜和支配自己的时间。

——克鲁普斯卡娅

在一个拥挤杂乱的候车室里，正靠门的座位上坐着一个疲惫不堪的老人，从身上的灰尘和鞋子上的污泥可以看出，他已经走了很远的路。

列车进站了，检票员开始检票，老人不慌不忙地站了起来，正准备往检票口的方向走去。忽然，从候车室外边走进来一个胖太太，她手里提着一只体积很大的箱子，形色匆匆，显然也是要赶这班列车。

可是，箱子实在是太重了，累得她大口大口地喘着粗气。胖太太一眼就看到了前面的那个老人，冲他大喊：“喂，老头，你帮我提一下箱子，我会付给你小费的。”老人停下脚步，想都没想，转身拎过箱子就和那位胖太太朝着检票口走去。

他们刚刚检完票上车，火车就立即开动了。胖太太抹着脸上的汗，庆幸地说："还真要谢谢你，幸亏有你，不然，我这次非得误车不可。"说着，她从口袋里掏出一美元作为小费递给身边的这位老人。

老人没有说话，微笑地接过钱。

这时，列车长从车厢的另一头走了过来："洛克菲勒先生，你好！欢迎您乘坐我们这次列车，请问您需要我为你做点什么吗？"

"谢谢，不用了。我现在这个样子，只是刚刚完成一个为期三天的徒步之旅，现在要回纽约总部去。"老人客气地解释道。

"什么？你是洛克菲勒？"胖太太惊叫起来，"上帝，赫赫有名的石油大王——洛克菲勒先生——竟然为我提行李箱，我居然还拿出一美元作为小费给他，我这到底做的是什么事啊？"

她急忙向洛克菲勒先生道歉，并战战兢兢地请洛克菲勒原谅她，说她有眼不识泰山，要求他把那一美元的小费退还给她。

"太太，你没有必要道歉，你原本也没有做错事情。"洛克菲勒微笑着解释道，"这一美元，是我通过自己的劳动挣来的，所以我理所当然地收下了。"说着，他把那一美元小费郑重其事地放进了上衣口袋里。

心灵直通车： 真正的大人物，是那种虽然身居高位但仍然懂得以一个普通人的心态去做平常事的人；真正的大人物，从来都是和平常人站在一起的人。

厉害女人

人的价值蕴藏在人的才能之中。

——马克思

史密斯夫人在公司负责总机接线工作。第一天上班，约翰就见到了史密斯夫人，她正坐在那里聚精会神地编织毛衣。

一位年轻的同事悄悄地在约翰耳边说：“你要注意了，她可是个出了名的厉害女人，每时每刻都盯着大家的一举一动呢。”

他没有胡说。一天早上，约翰急匆匆赶到收发室时，八点半刚刚过了两分钟，史密斯夫人就尖利地指出：“下次最好早到两分钟，迟到的人永远都别想有什么出息。”

只要总机电话没有什么事儿，她就会一边织她的毛衣，一边注视着他们。

自约翰买了双新皮鞋那天起，约翰就深信她

厌恶他了。那天一大早，约翰穿着新鞋快速地溜进收发室，他非常担心再次迟到。

“多么漂亮的一双皮鞋，”史密斯夫人说，她放下手中的编织活，“走近点，让我看看。”

正如约翰所料，她说：“这双鞋子的底不防滑，这样的地板根本不宜穿这种皮鞋，小心你迟早会摔跟头。”

“谢谢你，别担心，我会小心的，我走路挺稳的。”约翰大声回敬了一句，就走开了。

每天一到公司，约翰做的第一件事就是把办公室的暖水瓶都注满饮用水，并把它们一一拎回办公室，放在原位。

一天，约翰一不留神摔了一跤，把总经理办公室中的那只银质暖水瓶一下子打翻在地上，外壳摔出了一个大大的凹痕，里面的内胆彻底摔了个粉碎。

“看你干的好事！现在你唯一能做的，”史密斯夫人说，“就是直接去总经理办公室，告诉他你到底干了什么。”

“他可能会把我直接解雇的。”约翰低声说。

“也许会，但也许不会。”史密斯夫人说，“可是你得正确面对自己犯下的错误。”

穿着那双讨厌的皮鞋，约翰双腿有点发颤地站在总经理面前。总经理听后，却一脸平静地说：“我早就打算换个新的暖水瓶了。”

三天后，当约翰听说自己被公司慎重考虑，分配去银行做财务工作中的存取款业务时，约翰深感意外。

会计部主任微笑着对他说：“是总机的史密斯夫人专程推荐你的，她认为你很有责任心，比较适合这份工作。”

史密斯夫人？约翰睁大了眼睛，有点不可置信。这怎么可能？

圣诞节快要到来时，约翰完全扭转了自己对史密斯夫人的看法。原来，她给每人准备了一件礼物，是一件漂亮无比、有着菱形图案的手织毛衣。

原来，史密斯夫人每天利用空闲时间在为他们织毛衣。约翰一直以为，她一直是跟他过不去。如今，他全明白了。

圣诞节过后的第一天，约翰一大早就来到公司，把一束美丽的鲜花放在史密斯夫人的总机台上。约翰想给她一个惊喜。可是，约翰看到，这一次她感动得热泪盈眶了。

心灵直通车： 误会源于自己对他人的冷漠与忽视。当我们一旦走进对方真实的内心世界，就会发现：其实，每个人的心底都有着温暖的一面。触碰它，你会感觉到人与人之间那份温情的存在，而这正是快乐的源泉。

教室里的灯光

不经巨大的困难，不会有伟大的事业。

——伏尔泰

冬天没有傍晚，夜总是来得很早。

这时，“嘀嘀嘀”的电话铃声响起。

一个充满稚气的孩子声：“这里是威尔逊老师的家吗？”

“我就是。”威尔逊从容不迫地答道。

打电话的是威尔逊班里的那位平时最调皮的小男孩。

“明天一大早，杰西卡就要转学离开学校了。我们商量好明早六点钟在学校门口为她送行。到时，您能来吗？”

“当然！我一定会准时到达的！”一瞬间，威尔逊好像感受到了电话那头的小男孩心中那份甜美的喜悦。

天哪，那是冬天，黎明前最黑暗的时间！在

那所远在山脚下犹如边陲荒岛的小学校里，天一黑，老师们都需要结伴而行……威尔逊想到这些，心里乱极了，再想一想，又觉得没有可能。威尔逊细数着床头的钟表嘀答声，总算熬过了这漫长的一夜。

匆匆洗漱过后，威尔逊抓起背包，便一头冲出家门。昏沉沉的天、模糊的路面、呼啸而过的寒风，一起吞并了这个冬日黎明前的黑暗。奇怪的是，恐惧并没有像威尔逊想象中的那么可怕，也没有那么紧紧地包围着他。威尔逊加快了步伐，心里充斥着的只有一个念头："上帝，愿孩子们都能安全到达！"威尔逊鼓足勇气，一口气爬上了陡坡。

几声清脆悦耳的童声离威尔逊越来越近。一个小女孩像发现新大陆似的发现了威尔逊。几个同学也惊喜地大叫，如欢快的小羔羊见到妈妈一般朝他跑来。威尔逊一颗悬着的心稍稍放松了下来，他张开双臂，想要将他们——拥在怀里，告诉他们，他有多么的担心。

校园里还是一片漆黑，只有门口的传达室里透出一点点的光亮。叫醒了当日值班的老师傅，威尔逊来不及过多地向他解释，只点点头，表示自己的歉意。当一个又一个并不太明亮的灯泡亮起时，他们彼此望望，都长长地出了一口气。

有一个稍大点的男孩告诉威尔逊："打开灯，所有山坡下还有山上的同学就能看到学校里的亮光，他们有了目标，就不会害怕了。"

看着这群稚气未脱、天真无邪的孩子，威尔逊的眼睛模糊了。威尔逊要去接那些还没有赶到的同学。

站在山坡上，冬日的寒风撩拨着衣服，透过帽子钻到他的头发里，真是冷极了！威尔逊的心里却在一遍遍地呼喊着："孩子们，快点让我看到你们！"那种焦急、那份企盼、那种忧虑交织在一起，眼泪因低温而冻结在他的眼中。

远处的山坡上，又有人影晃动，紧接着，传来了一群小孩子叽叽喳喳的说话声。卡尔站在那里激动得快要跳起来，他大声呼唤着。

几个孩子听到叫声，挥舞着双臂向学校的方向飞奔而来，大大的书包发出哗啦哗啦的声响，在他们的背后一颠一颠地。黑暗中闪烁出一点点微弱的亮光，那是孩子们花了一夜的时间精心赶制出的贺卡。

“老师，到的有二十五个人，还有三十五个同学没有来。”不知何时，威尔逊身后已经围了一大群孩子。

“没事，我们一起等！”蜿蜒幽深的小土坡下，晃荡着一个黑影，那两个跳跃的麻花辫在夜里显得格外醒目。

“那是杰西卡！”同学们不约而同地欢呼起来。

杰西卡也飞奔着扑进威尔逊的怀里。

“老师，我妈妈身体不好，我必须回老家读书。刚才，我在山下远远地就看见我们教室里的灯，我猜肯定是您来了。”

威尔逊紧紧地抱着她，泪水充斥着眼眶，什么话也说不出来。

天慢慢泛白。晨曦里，校门口已经站齐了威尔逊班级的六十个孩子。他们彼此注视着冻红的鼻尖和通红的脸蛋儿，在喷吐出的一口口雾气中开心、会意地笑了。那笑容仿佛初升的太阳，光芒四射，美丽无比。

是的，尽管是在冬季，天又如此冷冽，威尔逊却收获了很多很多。

心灵直通车： 一本书上说，我的内心犹如一个容器，真心付出，就可以收获真情。这也许就是人们认为的最简单的道理和最公平的“交易”了。在每个人的内心深处，很自然地会对他人有一些期待。可是，你能否先为他人着想呢?

换种方法

社会一旦有技术上的需要，则这种需要就会比十所大学更能把科学推向前进。

——恩格斯

十八世纪，英国一部分人来到澳洲，发现了这块富饶的土地，英国人随即宣布澳洲从此成为它的领地。但是这样一个幅员辽阔的大陆，究竟该如何开发呢？

当时，英国根本没有人愿意离开自己的国家，更不用提去那荒无人烟的澳洲了。英国政府面对这种情况，想了一个对策——把国内的罪犯们全部发配到遥远的澳洲去。

搞私人运营的船主们为了盈利，承包了这项大规模的长途运送工作。为了便于统计，政府最初以登船的人员数目为依据来支付给船主们费用。当时，运送犯人的船只大多是由破旧或长期搁置的货船改装的，它们设施简陋，根本没有储备药品，更不可能有随船的医护人员。长时间在海上运行，条件可想有多么恶劣。

船主们为了尽可能地牟取暴利，上船前都宣称自己的船容量很大，尽可能多地来装犯人。一旦船驶离港口，船主就可以按上船的人数拿到钱，钱到手后，就不再关注这些犯人的死活了。

他们尽量开源节流，生活标准降到最低。更为严重的是，一些船主故意断水断粮，最终导致三年间，从英国到澳洲的犯人，单单在船上的死亡率就高达百分之十二，甚至还有一艘船上的四百二十四名犯人死了一百五十八个，死亡率远远超过平均数，高达百分之三十七。英国政府不仅为此遭受到前所未有的经济和人力损失，而且此事件也引起了英国民众的强烈不满。

英国政府迫于压力，不得不开始想办法来改善这些不良状况。他们在每艘船上指派一名政府官员进行监督，再派一名专业医生负责医疗，并对犯人在船上的生活标准给出了硬性规定。结果，死亡率不仅没有得到控制，连指派的监督官员和医生最后也搭上了性命，死在了船上。

后来，政府查清了原因：一些船主为了谋取私人利益而软硬兼施，他们竟然行贿官员，使其与他们同流合污；如果官员拒不顺从，就会被狠心地扔进大海。

有一些绅士提出，把一些船主召集起来进行素质教育。有的法官也建议对一部分人进行严厉制裁。政府都尝试着做了，但情况依然没有丝毫的好转，死亡率依然居高不下。

一位英国议员提议改进制度。那些私营船主钻了国家制度的空子，而制度的缺陷就在于政府根据上船的人数来计算报酬。假如反过来计算，政府如果是以最终在澳洲上岸的人数来计算酬金呢？这样，被动就会变为主动。

于是，政府采纳了他的提议：不管船主在英国装了多少犯人，在澳洲上岸时再清点人数，并据此人数向船主支付运费。

制度一经推出，船主们便主动聘请专门的医生跟船，还在船上备足药品，尽量改善罪犯的生活水平，尽可能让船上的每一名犯人都能健康地抵达澳洲。假如在船上死掉一个人，那就意味着船主减少了一份收入。

过了一段时间，英国政府又进行了一项调查。自从政府实行以上岸人数计酬的办法以来，船上犯人的死亡率已经下降到了百分之一，还有些船只运载几百名犯人，经过几个月的海上航行，竟然全部健康到达。

心灵直通车： 我们绝大多数人每天都在做同样的事情，当我们循规蹈矩的时候，心里有没有想过：这种做法是不是最好的方式呢？这样做是否存在着什么弊端？如果换一种截然不同的做法呢？解决一个问题，有很多种途径，条条大路通罗马。重要的是，方法根本不需要成本。找到了好的方法就等于找到了“一本万利”的资源。生活中，成功者之所以能够取得成功，关键就在于他们找到了常人没有想到的更合适的方法。

藏在柴里的钱

把语言化为行动，比把行动化为语言困难得多。

——高尔基

在美国德克萨斯州的一个小镇上，那里现在仍然沿承着用烧木柴的壁炉来取暖的习惯。过去，那里曾经住着一位名叫杰克的樵夫，他给镇子上的某一户人家连续供应木柴已经有三年了。杰克知道，供应给那家的木柴，直径绝对不能大于十八厘米，否则根本不适合那家定制的壁炉。

有一次，杰克给他的老主顾送去的绝大部分木柴都不符合使用的尺寸。主顾使用时发现了这个现象，便直接打电话给杰克，要求他调换或者再次劈开这些不合尺寸的木柴。

“我肯定不会这样做的！”杰克说道，“那样所花费的工价要比给你的所有木柴的价钱都要高。”说完，他就直接把电话挂了。

主顾很生气，无奈之下，只好亲自劈柴。他把袖子高高地卷起来，拿起斧头，开始劈柴。大概就在这项工作即将进行到一半时，一根与众不同的木头引起了他的注意。这根木头外面有一个明显的大节疤，节疤显然是被人凿开过，然后又塞了回去的。什么人会干这么无聊的事情呢？主顾心里犯嘀咕，他掂量了一下这根木头，觉得它比别的木头要轻，仿佛是空心的一样。

于是，好奇心驱使他直接用斧头把它一分为二。一个发黑的白铁卷从中间掉了出来，他吃惊地发现，里面竟然包着一摞五十美元和一百美元两种面额的钞票。他认真地数了数，竟然有两千五百美元之多。

很明显，这些钞票已经藏在这个不易被发现的树节里不知道有多少年了，也许藏它的主人早已忘记了这件事。但是，他现在唯一的想法就是要把这些钱早点送回到收藏它的主人那里。于是，他又给杰克打了个电话，想问他究竟是从哪里砍到这些木头的。但是，杰克却以极其消极的心态回答他。

“这与你无关，是我个人的事。”杰克不屑地回答。尽管主顾一次次努力，最终还是没有获悉这些木头到底是从什么地方砍来的，更不可能知道究竟是谁把钱一直藏在了树里这么多年。

心灵直通车：具有积极心态的人在生活中往往会有一些意外的收获，而具有悲观消极心态的人往往会没有收获。可见，好运其实在每一个人的日常生活中都是真实存在的。然而，具有消极心态的人却会在无意中阻止好运气的到来。只有那些具有积极心态的人才可能从中抓住机遇，甚至从那些厄运中获得别人无法获得的利益。

第四章

Part4

积极的心态：让生命的光辉永存

两个烦恼之人

卓越的人的一大优点是：在不利和艰难的遭遇里百折不挠。

——贝多芬

雷奥和迪姆，坐在一块大石头上的两端，各自低着头，为某些事情烦恼着。雷奥又瘦又高，迪姆又矮又胖；一个在一边唉声叹气，一个在另一边泪流满面。

“老兄，你这是因为什么事而如此烦恼呀？”迪姆擦了擦眼角的泪水问道。

雷奥抬起头，长长地叹了一口气，说：“唉！你知道，我是一个精神极度贫乏的人，更确切地说，我应该是一个没有什么追求的人，为此，我很空虚。为了改变现状，我希望自己能在精神方面更加充实和富有一些。于是，我向那些我认为比较有精神内涵的人乞求。

“我遇见一位知识渊博的学者，便礼貌地上

前和他打招呼，我对他说：‘你可以把你如此丰富的学识赐给我一些吗，求求您了！’可是，他却坚决地摇摇头，像怕被我纠缠一样，便匆匆忙忙地走开了。

“后来，我又遇见了一位有素养的绅士，我上前乞求他：‘把你身上的优秀品质传给我一些吧！’可是，他看见我就好像看见神经病人一般，根本不理我，像没有听见一样就走开了。

“再后来，我遇见了一名气质优雅却显得有些忧郁的少女，我对她说：‘把你享受到的爱分给我一些吧！’可是，那个少女却狠狠地骂了我一句，气呼呼地就离开了。

“最后，我又遇见了一位身经百战的军事家，我直接上前说：‘把你的聪明智慧传授给我一些吧！’可是，军事家却推辞说他日理万机，根本没有时间来教我。

“就这样，我两手空空，不停地去乞求，最后还是什么都没有求到。你说，我怎么会不烦恼呢？”

迪姆说：“你的这些烦恼，对我来说，根本不算什么，充其量，也就是你什么都没有得到。这些都不能证明你不对，只能说明你遇见的那些人是极其吝啬和自私的。而我呢？和你比起来，可就更惨了。”

“世界上还有比我更凄惨的？”雷奥反问。

“当然。我绝对比你更惨。”迪姆说，“与你不同的是，我一向认为自己是个在精神世界极其富有的人，我用全部的时间和精力游览各国的大好河山，我还博览群书。毫不夸张地说，我写出的书摞起来，比我本人还要高。当我的作品再也无法往高处摞起来的时候，我决定把我的才能展现给大众——出卖我的知识和无穷无尽的智慧。

“于是，我把书背到人群密集的市场上，高声叫喊道：这里有人类祖先知识的结晶、人类思想的精髓，这是一个无尽的梭罗式的精神家园，大家快来看一看，快来买呀！

“最后，我累得筋疲力尽，喊得嗓子都沙哑了，希望人们能从我这里得到那些宝贵的精神财富。可是，那些人太让人失望了。”

迪姆的眼泪几乎要流出来了。

“怎么了？”雷奥问。

“人群川流不息，来来往往，但是没有一个人来买我的知识和智慧。更可恨的是，还有几个人竟然偷偷笑着说：‘哼！你听他所谓的精神财富，简直就是笑话，那些陈词滥调，不堪忍睹！’”

迪姆又流出了眼泪。

“好了，别哭了。看来，我乞求的结果是一场空，而你出卖的结果是得到了众人的轻蔑。怪不得你的痛苦要比我的更深。”雷奥说。

“对呀！你的行为充分证明了别人的吝啬和自私，而我的行为却充分证明了我自己的不足，毫无可取之处。”迪姆悲伤地说。

心灵直通车： 人活着是需要他人的关注和肯定的，如果一直得不到这些，就没有办法体现出活着的价值。所以很多人都盼着能够出名，盼着自己的价值能够被别人认可。而那些一直得不到他人关注和肯定的人，心理上必然会感到寂寞，为体现不出自己的人生价值而陷入深深的痛苦和无尽的悲哀之中。因此，千万不要吝啬对他人的肯定，也许你的一句不经意的赞扬会改变另一个人的命运和价值观，当然，也不要轻言放弃那些实现自我价值的追求。

健美模特

我们的事业就是学习再学习，努力积累更多的知识，因为有了知识，社会就会有长足的进步，人类的未来幸福就在于此。

——契诃夫

六月的一天，百老汇专用的流线型火车正好停在长岛专属铁路的停车场里，火车刚被清洗过，车身看起来格外耀眼。

这时，闪光灯突然亮了，照相机“咔嚓”一声，站在外围的人们蜂拥而至。只见一名身穿短裤的中年男子慢慢走向铁轨，把链子紧紧地扣在观览车厢上，用力一拉，重达七十二吨的火车竟然神奇般地向前蠕动。

这位男子就是安吉罗·西昔连诺，那年他四十七岁。

西昔连诺从小是在纽约市附近的布洛克林贫民窟中长大的，父母都是从意大利搬过来的移民。十六岁时，他是个体重只有九十七磅的矮个子男孩，面色苍白，一副胆怯的样子，常常被周围的同龄孩子欺负。

一个星期六，西昔连诺和邻居家的孩子们一起去逛市区的布洛克林博物馆。眼前的两个塑像令他如此着迷，简直让他惊呆了——那是阿波罗和赫克利斯的塑像。

他站在那儿一动不动，同伴叫了他好几声，他竟然都没有发觉。解说员过来告诉他，这些神像是让希腊当年的年轻运动健儿作为模特而雕塑出来的。

当天晚上，西昔连诺回到家，从一份报纸上剪下一套专业的体操图解。从那以后，他开始坚持不懈地锻炼身体，让自己变得像希腊运动健儿一样健美。

年复一年，日复一日。西昔连诺持之以恒，从不间断。

认识他的人都笑他有点自不量力，但他并没有气馁，从没有停止过。

他也曾经一度趾高气扬地向一名邻居家的倚大欺小的大个子挑战："你想不想与我较量一下？"那个顽童很不服气，只伸出一只手就把他打翻在地上了。

可是，西昔连诺并不为此而气馁，还是坚持苦练下去。

他发明了一套独特的健身术，使身上的一块块肌肉与另一块肌肉相互对抗，效果果然不错。他浑身上下的肌肉开始越来越发达，每一处都鼓了起来。最后，他赢得了人们的认同，成为"全球肌肉最健美的人"，有着阿波罗与赫克利斯完美融合体的真正具有古典美的体魄。

后来，他给自己改名为查尔斯大力士，这也是他参加过几次大型比赛后赢得的美名。当时，再也没有人比他更接近古希腊人心目中的男性美了。

也许你也曾有意或无意中见过他的雕像，像法国马恩河上那个出神入化的"悲伤"塑像，以及其他著名的塑像，那都是以他作为模特儿而雕塑出来的。

心灵直通车： 有些人往往因为内心强烈的自卑感而获得成功，确切地说，这种自卑感激发了他们内心的潜能，促成了他们彻底改变现状的决心。然而决心只是一种心态，若想改变，唯一的出路就是从此坚定不移地付出实际而有效的行动。

学会幽默

历史提醒我们，新的真理惯常的命运是，开始被当作异端，最后被奉为迷信。

——赫胥黎

很多年以前，嘉西瓦在一所晚期病人的收容所中报名参加了一项关于技能方面的训练计划，准备以后为这类病人提供一些力所能及的帮助。

他去探望一位已经是七十六岁高龄、结肠癌晚期的老先生。老先生的癌细胞已经扩散到了全身。他的名字叫卓桑，在病魔的折磨下，使他乍一看起来像一具干枯的骷髅，生命随时都有可能终结。但是，他那双棕色的眼睛却明亮如初。

卓桑第一次见到嘉西瓦时，他就开玩笑说："真是棒极了，终于有个大秃顶和我一样，我们真是有缘啊！看来，我们一定能够谈得来。"

两人在接触过几次之后，很快就熟悉起来。

卓桑开始毫无忌讳地埋怨嘉西瓦的态度，说嘉西瓦没有情趣，从不在他讲完笑话后露出一丝笑容。他抱怨得没错，嘉西瓦从小就深深地体味到人生的酸甜苦辣，已经很难放松自己的心情，甚至很难相信自己。因此，他的绝大部分时间都是躲在一个虚设的阴冷的面孔后面生活的。

一天下午，卓桑和嘉西瓦单独待在一起。嘉西瓦搀扶着卓桑进入洗澡间，回来时，却发现卓桑因病情发作疼痛得苦着一副脸。

“医生马上就会来的，”他想方设法去分散他的注意力，“你是否希望我帮你脱掉身上的‘米老鼠’睡衣，另换上一套比较舒适而庄重的呢？”

“我就是喜欢这身睡衣，”他低声说，“米老鼠时刻会提醒我，让我知道今天的我还能笑一笑。那要比任何一个医生做的事情的效果都要好。也许你更应该帮我找一套有傻狗古飞的图案的睡衣来穿。”卓桑说着，哈哈大笑起来。嘉西瓦还是没有笑。

“年轻人，”卓桑忍着疼痛继续说，“我活了这么大岁数，第一次见到像你这样如此惹人生气的人。我相信你是一个好人，但如果你到这里的真正目的是尽自己的一份力量来帮助别人的话，你这个样子是肯定不行的。”

这使嘉西瓦既生气又伤心，而且，他的内心好像也受到了伤害，有点害怕。自从那次交谈以后，他不再去帮助卓桑，并且敷衍了事地终结了那个收容所的训练计划。在结业那天，有人转告他，卓桑去世了。他去世前曾委托别人带给嘉西瓦一个纸袋，纸袋里竟然是一件印有迪斯尼的傻狗古飞的一件圆领运动衫，运动衫上附着一个便条：一旦你觉得心情十分沉重时，请立刻换上这件运动衫——卓桑。

嘉西瓦看着傻狗古飞，终于忍不住哈哈大笑起来。也就是在那一刻，他终于深刻地体会到了卓桑一直在想方设法要告诉他的一件事：幽默不仅仅是两人或是自己开的一个玩笑，它还是一种基本的求生方式，也是他的生活中迫切需要的调剂工具。人与人之间需要多一点笑声，少一点担忧。不要把自己一直锁在那些不如意，甚至是极其痛苦的事件中，一切都没有那么严重。幽默可以化解矛盾，消除家庭内部的紧张氛围和业务上的某些危机，可以令那些整日躺在病床上消耗时光的人好过些，可以使人站在狭小拥挤的电梯中或付款柜台前的长队里长出一口气，缓解下气氛，不觉得那么难受与煎熬。

过去那些年里，嘉西瓦见过周围的很多人都是利用幽默来协助自己面对艰难困苦的，这些人有一部分是他熟悉的朋友，还有一部分是和他一直有业务往来的人或是收容所里的一些病人。他们使用的幽默技巧是任何一个人都能轻易学会的。

心灵直通车： 幽默是一种人生的态度，是一种积极的心态，也是对自己和他人的尊重，更是对生命的珍视。虽然有时只是几句简单的话，但是每个人学会并利用它，却显得十分重要。因为每天繁琐重复的生活都要用快乐来充实，所以让我们学会幽默吧。

内心的意念

时间是一个伟大的作者，它会给每个人写出完美的结局来。

——卓别林

这是一位心理分析家的一段手记，它真实地记录并详尽地分析了自己身边的这样一件事。

“见鬼，我无法相信现在的驾驶员有多么的小心！”这正是迈克逊一大早开着汽车进城上班途中的一贯抱怨，这也是生活在大都市的迈克逊在星期一的真实写照。

在高速公路出口处，遇上大堵车。他打着闪光灯，想努力拐进左边的车道，可是，那个开着蓝色别克的女人却像发疯似的不停地按喇叭，不给他让道，意思是坚决不让他插队。

“天啊！怎么又碰到一个这样的笨蛋！”迈克逊紧紧握着方向盘，一股怒气冲上脑门，“这个早上是那么的不顺畅，堵车，一路上遇见的都是笨蛋！”

刚才那辆别克车的女驾驶员显然对忿忿不平的迈克逊视若无睹，只见她拿出包里的眼线笔对着车里的后照镜描起了左眼。

为了表示自己的愤怒，或是要引起她的注意，迈克逊一边生气地狂按喇叭，一边在车里挥舞着拳头。

没想到，她毫不示弱，隔着车窗向迈克逊挑衅："你能怎么样啊，兄弟？"

于是，两人就这样对着干上了。

迈克逊喃喃自语："你这个该死的女人，这回你可是真的遇到对手了！"

此时，堵塞的车缓缓向前移动了，迈克逊看到一个能够切入右侧车道的机会，他迅速换到四挡，从右侧惊险地反超了一辆灰色的福特汽车，好似占领了遥遥领先的地位。

"太棒了！"迈克逊有点沾沾自喜。不过，他显然是没有悟出，就算在这次小小的较劲中取胜，却依然是个大输家。在市内高科技公司上班的他还会和以往一样，怀着气急败坏的心情赶到办公室，这种坏心情会一直陪伴着他过完这一整天。

如果我们进一步深入了解迈克逊的思维，就不难发现，其实，他的内心里充满着叛逆、不满和焦躁。对他来说，路上的所有驾驶员都好像是他的"敌人"，即使算不上敌人，最起码也称得上是破坏他生活步调的人。

迈克逊认为，开车上班就像战争一样，亦步亦趋的同时还要大声谴责这混乱的局面。

迈克逊并没有意识到自己先入为主的观念和他开车上班途中发生的不愉快经历之间有何关联，他觉得这种对待"外在环境"的态度是再自然不过的了！他完全不知道自己的心灵生活其实是源于自己的内在世界。一旦迈克逊了解了他的所有体验的真正来源，他看待交通的角度是否将改变呢？

在编织的理想世界里，早上的交通永远是平衡顺畅的，驾驶员们将永远显得那么有素质，永远那么的彬彬有礼，大家永远不可能因为天气或其他因素而迟到。不幸的是，这个"理想王国"只能存在于人的梦想里。

回到现实世界中，每天都有交通事故频频出现，天气也是变幻莫测。大家也并非都一样，永远那么的谦让有礼。可是，我们一旦开车上路，面对事故频发的公路，完全可以对照自己的心境——我们不总是处于自己的“心理交叉路口”吗？

如果迈克逊知道了他愤怒的源头，他将会如何处理这种状况呢？

星期一早晨不佳的交通状况，慢悠悠的行车速度让他无法平静下来。如果不紧不慢地前进，他会担心迟到，一想到这个问题，他就开始紧张，注意到自己的呼吸开始变得不畅，肩膀的肌肉也开始紧崩，火气一个劲儿地往上升。

迈克逊体验到的不耐烦、生气、不舒服的感觉，正是控制他的意念传达出来的相应的信号，他必须及时调整这些紧张与不适。就如同开车时骤然加速，进入旁边车道将有可能听到“砰”的撞击声一样，这种情绪上的一再警告无疑又给迈克逊当头一棒。

他要及时走出来，如果他一味地沉沦下去，那么终将会出现“公路激怒症候群”。

认清当下的形势，迈克逊便能在心理上及时换挡，重新上路。与其把别克车里的那个女人视为自己的敌人，不如对她的一心二用行为感到一丝丝的新鲜有趣。

他知道，她由于太专注画自己的眼线，才对迈克逊变换车道的意图坚决抵制。因此，迈克逊暂缓切入左侧车道，表现自己谦让的一面，让这位女士先行，然后自己再行动也不迟。他甚至还会为刚才自己浪费了十秒钟的时间觉得可惜，为影响自己开车和一天的好心情感到有点好笑呢！

再一次，迈克逊了解到自己的意念不仅能创造出愤慨的世界，还能打造出一份安宁的心境。

心灵直通车： 随心所欲地掌握生活方向盘——心灵感受之源其实并非外在环境所赐，而是人在心里看待周围一切的态度和反应。不管我们目前正在做什么，思想总是与我们同行。我们内心的体验、真实的感受、认知和情绪源于自己的意念，而绝非外在环境因素。因为我们对生活的真实体验是由内而外的，而不是自外向内的。

自己竟如此富有

忧伤会减少或者妨害一个人行动的力量。

——斯宾诺莎

伦博朗的世界是灰蒙蒙的，一件件不如意的事情不约而至，让他措手不及、忧心忡忡。

然而，1934年春季的一天，伦博朗正无精打采地走在韦伯镇的小街上，一幕景象使他瞬间觉醒，他感觉自己以后永远不会再被忧虑所困扰了。

事情发生的时间，前前后后加起来也只有短短的几秒钟，可是在那短短的几秒钟里，他感悟到了人活着的真谛，这比他在过去十年里所学到的知识都要多。

伦博朗曾经在韦伯城里开过杂货店，在开店的两年中，他不仅赔光了自己的所有积蓄，还弄得倾家荡产，欠下不少外债，这需要花七八年的时间才能还清。

那天，他的杂货店刚刚关门两天，当时他正计划着到银行去借点钱，以便自己能到附近的堪萨斯城找一份养家糊口的差事。当时伦博朗就像一具行尸走肉一般走在路上，心中完全丧失了往日的斗志和对生活的信心。

突然，迎面过来一个没有腿的人，他坐在一个小小的木头改装的平台上。平台的下面装着四个轮子，那是从旱冰鞋上卸下来的。他用两只手各抓着一块木头，撑在地上，像是船上的舵一样，用手中的木头给予动力并及时调整、控制方向，让自己一步步地向前滑行。

伦博朗看见他的时候，他刚好过了街，在马路边上，正准备将自己抬到几英寸高的人行道上。就在他把那小小的木头滑车翘起来的时候，两人的眼光在半空相遇，对视的几秒中，伦博朗准备快速扭转头，而那个人却对伦博朗咧嘴笑了，露出一副明朗的脸庞。

“你好，今天早上的天气可真不错！”他似乎很开心地和他打招呼。

当伦博朗愣在那里，看着这个残疾人的时候，他才发现，自己原来是那么的富有：有两条健全的腿，能蹦能跳，有一个健全的体魄可以自由支配。伦博朗一想到这些，顿时对刚才的自怜感到羞耻难当。

伦博朗对自己说，如果一个人缺了两条腿，还能每天活得这么快乐、这么开心，那么的充满自信，那么，四肢健全的人为什么不可以？他顿时觉得自己的腰杆挺了起来。本来，伦博朗只是想去向银行暂借一百美元解决燃眉之急，可是现在，他有勇气鼓励自己向他们至少借两百美元。

本来，他已经告诉朋友们自己打算到不远的堪萨斯城去试一试，看能否找到一份养家糊口的差事。可是现在，他感到自己能够坦然地去告诉他们，自己要去堪萨斯城，在那里找一份差事。此后，伦博朗从银行借到了想要筹借的那笔钱，也很快找到了一份不错的工作。

心灵直通车：“生活陷于困境”只是悲观、沮丧的人一时失去了斗志时的想法，心态的改变总让人焕然一新。心理上的优势常常会使人们奋发图强，瞬间变得开朗和自信，生活也从此充满生机。

事事变幻莫测

发展成长的最有力原则在于人的选择。

——艾略特

大卫结束了一天烦闷的工作，下班后，在门口幸运地拦到了一辆出租车。平时，这是至少需要半个小时才能做到的事情。

刚一上车，大卫便感觉到这位司机是个乐天派的人。他吹着悦耳的口哨，一会儿是热播的电影《窈窕淑女》中的一段悠扬的插曲，一会儿又变成了亢奋激昂的国歌。看他一副乐不可支的样子，大卫便搭讪说：“看来，你今天的心情很不错啊！”

“当然喽！为什么心情要郁闷呢？我最近才悟出一个道理，那些消沉的暴躁情绪一点好处都没有，因为所有的事情都有可能发生转机。”接着，他便向大卫娓娓道来一个关于自己的故事。

那天一大早，他开车出门，想趁着上班的高

峰期多赚点钱。冬天的早晨很冷，好像一摸冰冷的铁皮，手就会马上被胶水粘住似的。

不幸的是，他刚开出去几分钟，车胎便“砰”地一声爆了。他骂着这个鬼天气，不停地抱怨着自己有多么地倒霉，简直快要被气炸了！他一边拿出工具，一边换着轮胎，嘴里还在嘟囔着。

可是，气温实在是太低了，只要工作一会儿，就得站起来动一动身子，搓搓手暖一下。

就在这时，一辆疾驰的大卡车突然停了下来。司机从车上跳下来。使他更意想不到的是，那位卡车司机居然摘掉手套，开始动手帮忙。轮胎在卡车司机的协助下很快就修好了。他一再表示感谢，但是，卡车司机却微微一笑，不以为然地跳上大卡车离开了。

司机说到这里，显然有些激动。他接着说：“因为那件事，我一整天的心情都很好。看来，事情并不是像我想像得那么糟糕，总是有好有坏，人也不会永远倒霉的。开始，由于轮胎爆了，我很郁闷；后来，因为卡车司机的出手相助，我的心情立刻变好了，好运似乎也从此跟着来了。那天早上，真是忙得不可开交，一个客人刚下车，紧接着又上来一个，因此，口袋里的钱自然也就多了。”

心灵直通车： 没有人愿意遭受危机，但危机时常不约而至。当危机来临时，我们要审时度势，化危机为转机，不要因为一时的不如意就心烦意乱。事情随时会有转机的，也许在我们的意料之外。遇到好事就很开心，遇到坏事就很烦恼，无论开心也好，烦恼也罢，都不要因为这些影响我们的下一步计划，就把它当做是一个极其偶然的情况而瞬间忘记吧！

物极必反

不满是一个人或一个国家走向进步的第一步。

——王尔德

利奥·罗斯顿是美国历史上体重最胖的一位好莱坞影星，他的腰围达六英尺，体重高达三百八十五磅。1936年，罗斯顿在英国演出时，由于心肌衰竭被送进了汤普森医院的急救中心。抢救人员用医院里最好的药，使用了技术最先进的设备，仍然没有挽回他的生命。

临终前，罗斯顿似回光返照，当时，他神智清醒，喃喃自语："身躯虽然很庞大，但一个人只有一颗心脏来支撑！"

罗斯顿的这句看似不经意的话，却深深地触动了当时在场的主治医生——哈登院长，作为一名胸外科专家，他流下了眼泪。为了表达对罗斯顿的崇高敬意，同时也为了提醒那些体重超常的人，他让人把罗斯顿先生的遗言用金色的大字刻在了医院门口的大楼上。

不久以后，一位名叫默尔的美国人也因同样的疾病住进了这家医院。他是位赫赫有名的石油大亨，经济危机的爆发使他在美洲的十家公司同时陷入了这场危机。为了能够及时摆脱困境，他不停地在欧、亚、美三大洲之间奔波，最终，身体疲惫不堪，旧病也一起复发，不得不又一次住进医院。

他在汤普森医院包下了整整一层楼，在房间里增设了五部电话和两部传真机。当时，《泰晤士报》是这样描述的：

汤普森医院——美洲的石油中心。

赫赫有名的石油大亨默尔的心脏手术十分成功，他在这里住了将近一个月的时间就出院了。不过，他一直没有再回美国。他在苏格兰的乡下有一栋别墅，以前一直没有居住，手术后，他就定居在那里。

1948年，正逢汤普森医院成立五十周年。在周年庆典上，默尔被邀请参加。当时，记者问他为什么在手术后卖掉了自己的公司。他什么也没说，只是用手指了指汤普森医院门口上的那一行金字。不知记者们当时是否有人真正地理解了他的意思，总之，在那时的媒体上，一直没有留下任何与此相关的报道。

后来，人们在默尔的传记中发现了这样一句话：富裕和肥胖其实没什么两样，只不过是获得了远远超过自己需要的东西而已。

心灵直通车： 华丽的装饰可以显示一个人在物质方面的富有，优雅的态度可以显示出一个人追求的趣味，但一个人身体的健康需由其他的标志来进行识别，那其实是最贵重的，并且是用金钱无法衡量的财富。

人造时间

胜利是不会向我走来的，我必须自己走向胜利。

——穆尔

当约翰还是十四岁的孩子时，一天，卡尔•华尔德先生把他叫过来，告诉了他一条人生的真理。

当时，约翰还小，没有过多的注意，后来等他渐渐长大，懂事后回想起来，那果真是一句至理名言。尔后，约翰也因此从中得到了很多益处。

卡尔•华尔德是约翰的钢琴教师。有一天，他在给约翰讲课之前，冷不丁地问约翰："你每天大概要花多长时间来练琴？"

"大约三四个小时。"约翰说。

"你每次练习，时间都很长吗？"

"是的，我想只有这样才能练好。"约翰答。

"不，千万不要这样。"华尔德说，"你长大后，要做的事情会有很多，每天就不会有这么长的空闲时间来练琴了。你可以养成一种习惯，一有空闲就坐下来练习，哪怕是几分钟时间。

比如，在你准备上学以前，或在午饭后小憩之前，或在休息余暇，只要用五分钟或十分钟来练习。把微不足道的短的练习时间分散在一天不同的时间段里，这样，弹钢琴就成了你每天生活的一部分了。”

约翰在哥伦比亚大学教书期间，他想兼职从事创作。

可是，上课、批阅试卷、开会等一堆繁琐的事情把他的整个白天和晚上的时间占得满满的。创作这件事情一直被搁置。大约有两个年头，他几乎一字未动。开始，他给自己的借口是没有时间。在后来的一段时间，约翰才想起小时候，钢琴老师卡尔•华尔德先生曾经对他说的那些话。

从下一个星期开始，约翰就将卡尔•华尔德的话付诸行动。只要有五分钟或更长的空闲时间，他就立即坐下来写作，哪怕是一百字或是短短的几行。

后来，在那个星期结束时，他意外地发现自己竟然写了很多稿子。

后来，约翰一直用同样的方法，积少成多，从而创作出一部长篇小说。

他的教学工作一点都没有减少，尽管十分繁重，但每天仍有许多可以利用的短暂时光。同时，他还会继续练习钢琴。

约翰发现，每天利用的间歇时间，足够他从事创作和弹琴这两项工作的了。

约翰发现，充分利用短而有效的时间，有一个诀窍，那就是要把工作进行得尽可能迅速。事前，在思想上要有充分的准备，到工作时间即将来临的时候，要立刻把全部精力集中在工作上。

卡尔•华尔德先生的一句话对约翰的一生产生了极其重大的影响。因为他的一番话，约翰发现，如果毫不拖延地充分利用每一段极短的时间，那么，就能以积少成多的方式累积出一个人所需要的很长的时间。

心灵直通车： 一天只有二十四个小时，这是上帝平等地赋予给我们每一个人的，这似乎是时间管理理论的一个公理。然而，纵观历来的成功人士，我们不难发现，公理已经被人改写，那是善于努力积极开发时间的一种结果。只要我们合理地做时间的主人，就能有效地利用它，使之充分地为我们所用。

学会笑

别人为食而生存，我为生存而食。

——苏格拉底

威廉•怀拉是美国职业棒球队的前任棒球明星。四十岁时，他因身体原因不得不告别体坛，另谋出路。

他一直琢磨着，凭借自己的知名度去保险公司应聘一名推销员，应该不会有什么问题。

可是，结果却出乎意料，人事部经理竟然一口拒绝道："吃保险这碗饭可不是那么容易的，第一点，必须笑容可掬，但您目前还做不到，所以无法录用。"

面对冷遇，怀拉没有从心里打退堂鼓，而是下定决心像当年自己初涉棒球领域时那样一切从头开始。

首先就是要学会"笑"，这是入门砖。由于每天要在家里放开声音大笑好几百次，邻居们便产生了误会：他已经习惯了扬名立万，一时失业，对他来说刺激太大了，他现在可能在神经方面出了些问题。为了避免邻居的误解以及不打扰他们，他每天只好把自己关在狭小的厕所里进行练习。

就这样过了一个月，怀拉又去见保险公司的人事部经理，当场展示出自己的笑脸。

然而，他换来的却是冷冰冰的回答："不行！你笑得不够。"

怀拉又一次失败而归。但是，他并没有因此而悲观、失望。

回家后，他四处搜集那些有着迷人笑容的照片，然后贴在卧室的墙壁上，随时进行揣摩和模仿。另外，他还为此特意购置了一面大镜子，挂在厕所里，以便自己在训练时能更好地检查，及时纠正。

又过了一段时间，怀拉第三次来到人事部经理的办公室，露出了自己的笑容。

"比我前两次见你时有进步，但是，我不得不遗憾地告诉你，你的笑容的吸引力还不够大。"人事经理摇着头对他说。

怀拉天生就是一个犟脾气，回到家里再接再厉，继续苦练起来。

一次，他在路上遇见了一位多日不见的熟人，非常自然地笑着向对方打招呼。对方竟然惊叹道："怀拉先生，一日不见，如隔三秋呀！您的变化可真大，除了相貌没有变以外，简直和以前判若两人！"

听完朋友不经意的评论，怀拉信心百倍，他第四次去拜见人事部经理，并且笑得很开心。

"您的笑有那么点意思了，"经理指出，"但是，我不得不说，还没有真正做到由内到外、发自内心的笑。"

怀拉没有气馁，他再接再厉。最后，他终于如愿以偿，被保险公司录用了。

这位昔日的棒球明星原本严肃、冷漠的脸庞上，绽放出一种自然的笑容。那笑容是发自内心的，是如此的天真无邪，如此的讨人喜欢，感染了所有人，令人们无法抗拒。怀拉就是凭借这张后天苦练出来的迷人笑容，成为当时全美推销寿险的一名高手，年收入高达百万美元。

威廉•怀拉感慨道："人是可以根据环境来自我完善的，关键在于你的热情会持续多长时间。"

任何人都有热情，所不同的是，有些人的热情只有三十分钟，有些人的热情可以持续保持三十天。而一个成功人士却能让这种热情一直持续下去，十年、三十年，乃至终生。

心灵直通车： 热情能激发出人们的潜能，让我们充分发挥出自己无穷的活力；热情让我们每一天笑迎挫折，最终获得成功。

态度决定结果

一个人不了解生下来以前的事，那他始终只是一个孩子。

——西塞罗

罗伯特•洛西斯曾经在哈佛大学进行了一项十分有趣的实验。被试者是三组学生和三组白鼠。

他告诉第一组学生：“你们十分幸运，将训练一组聪明的白鼠，这些白鼠经过专门的智力训练，现在到了非常聪明的程度了。”

他又扭头告诉第二组学生：“你们这一组要训练的白鼠是普通的白鼠，不是很聪明，但也不是太笨。它们最终将走出我们设置的迷宫，但你们不能对它们抱有过高的期望，因为它们就是一种普通的动物，只有一般的能力和智力，所以它们的成绩也仅为一般。”

最后，他告诉第三组学生：“分配给你们的这组白鼠确实很笨，如果它们能够走到迷宫的终点，那纯属巧合。它们就是名副其实的白痴，自然，它们的成绩也将很不理想。”

后来，学生们在极其严格的控制条件下分别进行了为期六周的实验。结果表明，三组白鼠的成绩是第一组白鼠最好，第二组属于中等，第三组最差。

有趣的是，所有这些被测试的白鼠都是一样的，都是人为地从普通白鼠中随机抽取并随意分配的。实验之初，三组白鼠在智力上并无明显的差异，那么究竟为什么会产生上述不同的实验结果呢？

显然，这是由于人为因素，由于实验的三组学生对自己分到的白鼠具有不同的认知和态度，从而最终导致实验得出了不同的结果。简而言之，学生对白鼠产生了偏见，因此，便在心理上产生了不同的态度，从而以截然不同的方式来对待，并导致了最终不一样的结果。

学生们虽然不懂白鼠的语言，但白鼠却“懂得”学生们对它的态度。可见，态度是一种无声的通用的语言。

上述实验后来又被很多教师采用，在以学生为主要对象的实验中又一次得到了证实。该实验是由两位水平不分上下的教师分别给两组水平几乎相同的学生讲授完全相同的内容。

有所区别的是，其中一位教师被提前告知：“你真是很幸运，你接收的学生个个天资聪颖、智力高超。然而，更值得一提的是，正因为如此，他们才有可能试图来捉弄你。他们中有的学生很懒，会要求你尽量少布置一些作业。你千万不要上他们的当，无论你给他们分配多少作业，他们都能想办法完成。你也不必担心自己出的题目太难。只要你愿意帮助他们树立坚定的自信心，同时倾注作为老师真诚的爱，他们将会解决世上最棘手的问题。”

另一位教师则提前被告知：“你的这群学生都是学习一般的人，他们既没有太聪明的也没有太笨的。他们都有普通人的智商和能力。因此，我们没有太高的期望，结果肯定也是一般的结果。”

在这个学期即将结束的时候，实验结果表明，“聪明”组的学生比“一般”组的学生在学习成绩上整整领先了十分之多。其实，在这些被测试者中，根本没有什么“聪明”和“一般”的学生，他们都是一般的学生，唯一的不同就是教师对他们的态度，教师在心里上给他们划分了等级。对学生的认知不同，导致心理上对他们的期望态度也有所不同，从而以截然不同的方式来区别对待他们。

其中一位教师就是把这些一般的学生看做是天才儿童，因而就把他们作为天才儿童来进行施教，并期望他们也能像天才儿童一样，能够更出色地完成作业。正是这种带有针对性的特殊对待方式，使得原本一般的学生也有了突出的进步。

心灵直通车：你看待他人的方式就是你对待他人的方式，而且，你对待他人的方式，无形中也就是他人行为悄然变化的方式。

乐观的选择

忍耐能消弥一切灾祸。

——维吉尔

费里克斯是一个天生永远保持乐观心态的人，他不仅生性乐观，而且很善长激励别人。他有自己的一套独特的人生哲学，并且坚信任何人在任何时候都有两种选择，那么，你就应该去选择积极乐观的那一种。

一次，费里克斯遭人抢劫，腹部不幸被三颗子弹击中，生命危在旦夕，住进了医院进行抢救。很多人都为他担心。可是不久，他竟然痊愈了。

同事们都关切地问他："当你中弹的时候，你究竟想了些什么呢？"

费里克斯轻轻地拍了拍同事的肩膀，哈哈一笑："在那一眨眼的时间里，我想到上帝只给我两个选择，一个是选择活下去，另一个是选择死亡，而我毫不犹豫地选择了活下去。

“所以，我认定我所去的那家医院，无论是从设备还是从人员上，都是全国数一数二的，那里的医疗技术也是国内最好的。”

费里克斯喝了一口水，继续说：“可是，就在医生们给我做手术时，他们好像把我当成了一个无药可救的人。我拼命地向医生们做出鬼脸，并使劲地大喊：‘啊，上帝呀，我过敏！’当他们过来问我究竟是对什么过敏时，我说：‘我不仅对子弹过敏，还对冷漠过敏！’医生们哄堂大笑起来。

“于是，我的手术顺利地完成了。”

一天，费里克斯的一个朋友纳闷地问他：“我实在是不明白，你是如何一直都保持着那种积极乐观的态度的呢？你究竟是如何做到的呢？”

费里克斯笑着回答说：“每天早晨一睁开眼睛，我就对自己说：费里克斯，今天你面临着两个选择——你完全可以选择一个不错的心情，也可以选择一个糟糕的心情。而我理所当然地选择了好心情。

“每当有不好的情况发生时，我可以选择作为受害者的角色，也可以选择一个主宰者的角色，而我毫不犹豫地选择了后者。

“每当有人向我抱怨连天的时候，我可以消极地听取他的抱怨，也可以给他们及时指出问题所在，并找到消除烦恼的方法，而我总是积极主动地选择帮助别人，向他们提出自己认为的最合适的建议。

“生活永远是由两个相反的选择构成的，你要主动地在第一时间里选择有利的那一面。”

心灵直通车： 自己能做到的和做不到的，其实只是一念之差。积极进取的人，必然会拥有一个狂热的内心世界，认为这个世界随时都会产生出一种无穷的精神力量，这种力量会带动他迎接一切。日常生活看起来虽然有些沉重而又复杂，如果你将它简化为费里克斯的两种选择之后，选择积极乐观的一面，一切都将会变得轻松。

逆境出奇迹

给我一个支点，我能把地球撬动。

——阿基米德

基里奥虽然是希腊的一个奴隶，但他很有艺术天赋，是个不可多得的人才。当年轻的他正在从事一组雕塑的创作时，当时的希腊政府颁布了一条法律：奴隶不准搞艺术创作，否则要判死刑。

怎么办？基里奥不舍得放弃自己的爱好，因为他已经把他的整个身心、灵魂和生命都投入在了雕塑创作上。

他的姐姐基里奥拉丝和基里奥一样，遭受到了巨大的打击。但她大胆地鼓励弟弟说：“搬到我们房子下面的地窖去，我来给你点灯，给你送吃的，继续完成你的工作吧，愿上帝保佑我们。”

置身于地窖里，基里奥在姐姐的支持和保护下，夜以继日，努力地进行着他那光荣、神圣而又危险重重的工作。

不久，一个艺术展览会在希腊的雅典举行了。这次展览会颇具规模，由政府显要兼艺术家波力克担当主持，希腊著名的雕塑家菲狄亚斯和哲学家苏格拉底以及其他负有盛名的大人物都参加了。许多大师们的作品都摆放在那儿，显示着高深的艺术功底。然而，摆放在角落里的一组雕塑吸引了大师们的眼光，它比其他所有的作品都漂亮得多，就像是阿波罗神自己的作品一样。顿时，这组大理石雕塑引起了所有人的注意。在场的艺术家们同声赞叹，无不心服口服，没有一点妒意。

有人问："这组雕塑是谁的作品？"

现场没有人说话。

传令官又重复了一遍问题，长时间过后，还是没有人回答。

"怪了，这难道是一个奴隶的作品？"

就在这时，人群中发出一阵剧烈骚动，一个衣着十分散乱但很美丽的少女被拖了出来。她双唇紧闭，眼睛里闪烁着坚定的神情。

一位官员喊道："这位姑娘知道这组雕塑的来历，我们肯定这一点，但她就是不肯说出雕塑者的名字。"

许多人问基里奥拉丝，但她还是不说话。人们告诉她，她的这种行为是要被惩处的，可她依旧不说话。

"那么，"波力克只好说道："法律是强制的，我是这里的执法大臣，马上把她关进地牢去！"

就在这时，一个披着长发、面容憔悴，然而双眼却闪烁着智慧光芒的年轻人突然冲到波力克面前："请放了她。我是雕塑者，那组大理石雕塑是我创作的作品，是我这个奴隶的劳动成果。"

被激怒的人们鼓噪起来，他们振臂高声呼喊道："下地牢！下地牢！你这该死的奴隶！"但是，此时的波力克站了起来，他慷慨激昂地大声说："不，请大家原谅！只要我还活着，就要全力保护那组雕塑！这是阿波罗神正在用这组雕塑告诉我们，在希腊，还有比一条不公正的法律更加崇高的东西。法律的一个崇高的目标，就是全力保护和发展美好的事物。骄傲的雅典之所以能够闻名世界，完全是因为他对不朽艺术的杰出贡献。我们不该让这位年轻人下地牢，而是应该让他站在我身边！”

现场一片寂静。最终，在众人面前，波力克的助手阿士巴莎把手中标志着胜利的橄榄冠郑重地戴到了基里奥的头上，而且，在许多人的一片掌声与赞同声中，阿士巴莎还亲吻了基里奥那勇敢而深情的姐姐。

心灵直通车： 在不平等的年代，不平等的事比比皆是。一个奴隶的作品能够得到社会的认可，不能不说是一个奇迹。可见，精湛的艺术魅力是神圣的，一旦深入人心便无可动摇。事实上，社会已全面进步的今天，我们也难免会遇到困难的考验，应该借此来锻炼自己的耐力，不屈不挠，不轻易放弃。用自己的智慧和潜力创造出有价值的奇迹，带给人们力量、信心和美丽。

主动出击

我一向憎恶为自己的温饱打算的人，人是高于温饱的。

——高尔基

美国著名的钢铁巨头——安德鲁•卡内基，他十三岁时曾经在一家纺织厂做过伙计。当时，他的工作是在厂里记账，只要按时把每天的收入和支出一一记清楚就好。

当他听说有一种方法，即人们公认的用来记账用的更好的一种复式簿记账方式时，他便抽出晚上的空闲时间来学习复式会计的所有内容。虽然这一先进的会计知识在当时并没有起到实质性的作用，但是对他日后在事业上的发展起到了无可估量的作用。

后来，卡内基辞去了原来的工作，他的舅舅推荐他到当地的电报公司当一名不起眼的邮差。卡内基每天都要求自己最少提前一个小时到公司打扫卫生，然后再悄悄地跑到公司的电报房里学习接收和发送电报的技术。他每天为能有这种不为人知的学习机会感到无比的快乐和兴奋。

一天，卡内基像往常一样一大早就来到了公司，打扫完卫生后就习惯性地闪到了电报房。突然，他听到旁边有人说："紧急电报！电报员在这个时间还没来上班，有谁能收下这份紧急电报吗？"当时，卡内基忘记了自己是躲在电报房里的，他想都没想，就自告奋勇，主动上前，即刻进行收报，录在一张纸上，一点时间都没有耽误。

到了月底，公司开始给员工发薪水。老板把他独自召唤到自己的办公室里，对他说："你干得非常好，从这个月起，公司决定开始给你加薪。"

不久，他便成了一名真正的报务员。

十六岁那年，卡内基开始为美国专属铁路管理局局长——汤姆•斯考特先生——工作。

"安德鲁，你能不能帮我把手头的十五封电报尽快发出去？"局长会不定期地交给卡内基一些突发的或紧急的任务。他每一次都能完成得又快又好，由此，他得到了局长大大的赞赏。

工作之余，卡内基从不沉溺于玩乐，他寻找一切读书的机会。其间，他已经阅读了很多有关钢与煤方面的专业书籍。

有一天，卡内基突然收到一封加急电报："货车在阿尔图纳附近的单条轨路线上被完全堵塞，客车从今早开始，已堵将近四小时。"这封电报是发给管理局局长斯考特的，需要他快速处理。然而，斯考特因为其他事情提前外出了。

当时，美国铁路管理局的管理制度非常严格，并且有一个铁的纪律：无论遇到什么情况，只有管理局局长才能行使大权，下达对列车调度员的命令。如若有人胆敢与规定对着干，那就是违反禁令，不需要任何理由，立即革职。

当卡内基拿到这封紧急电报后，费尽九牛二虎之力也没有与斯考特先生联系上。他知道，如果多耽搁一分钟，就会给铁道公司造成严重的经济损失，甚至还有名誉损失。责任心和使命感使他无暇顾此，也给了他足够的勇气。于是，他壮着胆子一路小跑，来到了斯考特那宽敞的办公室。他翻出文件查看了货车的全部配位图，立刻发现了阻塞的真正原因。于是，卡内基提笔拟好了一份电文，并签上了自己的大名，拍发了出去，使塞车事故得到了及时的解决。

几个小时过去后，斯考特回来了，他发现办公桌上的塞车电报后，立刻提笔拟了一封电报让卡内基发出去。卡内基低头看了看电报的内容，窘迫地说："几个小时前，我已经拍发了一封类似的电文了……"

斯考特沉默了一会儿，目光变得严肃起来，他严厉追问到底是谁在上面签的字。卡内基只好冒险承认，他也是迫于无耐才签署的。斯考特坐在那里一言不发，目光森严地盯着他，过了一会儿，摆摆手让他先出去。

后来，斯考特晋升为宾夕法尼亚铁路局的副董事长。卡内基作为他的下属当然希望能够继续跟随着上司到那里工作，但斯考特却意味深长地对他说："你远远不是做一个普通电报员的材料，我已向董事长极力推荐你担任匹兹堡管理局的局长。这次改革，匹兹堡管理局的职能不仅扩大了，连现在的宾夕法尼亚地区也都将全部归入你的直接管辖范围之内。"

当时，还不到二十四岁的卡内基连做梦都没有想到，他不但接替了上司斯考特的职务，还拥有了更为广阔的管辖范围，年薪也直接从电报员的三十五美元增长到一千五百美元。

担任匹兹堡管理局局长这一职务，卡内基能够一目了然地了解到全国的经济动态和未来的发展方向，这也为他以后成为美国钢铁业的巨头做了充分的准备工作。

心灵直通车："机会是为那些随时做好准备的人而准备的。"生活中，外部环境的好坏，并不是取得成功的主要因素，人的主观能动性才是关键因素。坐以待毙的结局可想而知，而那些善于主动摸索、学习的人才更容易得到机遇的青睐，因为那些人时刻做着准备，时刻都准备着主动出击。

生命的意义

科学没有国境，但科学家有自己的祖国。

——巴斯德

自小被父母遗弃的卢卡生长在孤儿院中，他的内心充满了自卑感，性格也相对悲观一些。没事的时候，他常常会问孤儿院的院长："您说，像我这样一个没有人愿意要的孩子，活着到底有什么意思呢？既然父母都嫌弃我，抛弃了我，上帝为什么那么大发慈悲，还要接收我，让我继续在世上受苦呢？既然人生是要受苦的，那么生命的真正意义又是什么呢？"

院长望着稚气未脱的他，听了他的问题，笑而不答。

一天，院长亲自交给卢卡一块不起眼的石头，说："明天一大早，你就拿着这块石头到东边的市场去卖，但要记住，不是'真卖'，不论别人出多高的价钱，这块石头都不能卖，我只是想让你考察一下别人到底能给你多高的价钱。"

第二天，卢卡按照院长的叮嘱，蹲在市场的一个角落。让卢卡出乎意料的是，竟然有一大群人过来围观，向他询问价格，要买那块石头，而且价钱一个比一个出的高。

回到孤儿院，卢卡兴奋极了，他栩栩如生地向院长汇报了这一天发生的事情。院长只是笑笑，要他明天继续去卖，但不是今天的市场，而是拿到附近的黄金市场去叫卖。

这样接连三天，在黄金市场中，竟然有人出到比昨天高出十倍的价钱来买这块普通的石头。卢卡感到很奇怪，这么一块不起眼的石头在黄金市场里居然能卖到一个高得惊人的价钱。

最后，院长让卢卡把石头拿到当地一家知名的宝石市场上去参加展示。结果，石头的身价和昨天相比又涨了将近十倍，再加上卢卡无论如何也不卖，那块不起眼的石头竟被买家传扬成一个“稀世珍宝”。

许多人都争抢着要和卢卡谈交易的事情，看来，他们是抱着必买不可的决心。卢卡听从院长的叮嘱。最后，他兴冲冲地捧着这块“稀世珍宝”再次回到孤儿院，并将发生的事情一五一十地向院长汇报。

院长望了望卢卡，慢慢说道：“生命的价值就像你眼前的这块石头，在不同的环境下就会产生不同的价值。一块不起眼的石头，由于你的格外珍惜而三番五次地被提升价值，最后被说成是一件稀世珍宝。你自己不就像这块石头吗？只要自己看得起自己、看重自己、自我珍惜，生命就会变得更加有意义，活着才更有价值。”

心灵直通车：生命是根本无法用世俗的眼光来进行衡量的，珍惜我们活着的每一天，珍爱我们的生命，因为生命的价值是无限的。不要因为一时处于不利的环境而放弃自己追求的理想。在上帝面前，人人都是平等的，你就是独立的个人，无人可以取代。所以，要相信自己，相信眼前的以及未来的生活，相信大自然赐予我们的一切，生活会给每个人一个平等的机会。珍惜现在所拥有的一切，用信心和毅力去勇敢地开拓未来，美好的新生活在等待着我们。

等待时间

好奇心造就科学家和诗人。

——法朗士

马丁内斯是一个脾气比较急躁的人，做任何事情都没有一点耐心。

他喜欢和那些雷厉风行的人交往，要是碰到一个小心谨慎、干事有点拖拉的人，他就会极其郁闷。他的时间观念很强，从不会错过时间，约会也从不迟到。上帝真是仁慈，他帮助了很多在超级市场里排长队算账时着急离开的人。

他用这样的言语谈自己的耐性，也许你可以猜想一下，当他碰上了交通阻塞会是个什么样子。这件事正好发生在南佛罗里达州附近，那是在靠近他的家乡的一段山路上，车子没有办法行驶。这时，一个年轻人在路旁拦住了他，告诉他前方已经无法通行，至少要耽搁半个小时。

“为什么要耽搁呢？”他反问。

“因为前面的道路被挖出一个大坑，”他回答说，“我们的工作人员正在装水管。”

“装水管？”他气愤地说，情绪一下子低落了下来。

年轻人耸耸肩：“没办法，如果着急，你就绕过去吧。”

也许他觉得年轻人的话是对的。他还不太清楚前面那些坑的情况，但他相信自己肯定是不会掉进坑里的。

在接下来的五分钟里，马丁内斯是在郁闷和烦乱中度过的：文件就在旁边的手提箱里，收音机和一些零碎的东西是装在工具袋里的，他把所有需要的东西都翻了出来，然后又放回去，最后长吁短叹地盯着窗外。

不一会儿，在他的车后就停了一大排的汽车。司机们不知道原因，都纷纷下车。看来，那位小伙子的主意也不是个坏主意，他真应该试一试，总比一个人干坐着强。

就在这时，一位老人也下车走过来，说道：“空气真新鲜，真是一个阳光明媚的早晨啊！”他穿着工装裤，像是一个开出租车的司机。

马丁内斯听了那人的话，看看四周，的确不错。远处朦朦胧胧的一股溪流从圣•莫尼克山上冲击而下，在阳光的照耀下，银灰色的水线似乎连接着蓝天，一幅开阔清爽的秋天的大自然景象展现在眼前。

“真是不错啊！”他说。

“一旦遇到下大雨的天气，瀑布就从那边飞流而下。”老人指着不远处由一块凹进去的光秃秃的石头形成的断崖接着说。

马丁内斯想起他好像曾经见过强大的洪水飞奔着从那块断崖上一倾而下的情景，冲击的洪水在山脚下激起高高的水花。他很可能是那时正在忙着干什么事情，急急忙忙地经过这里，匆匆地瞟了一眼。

一位年轻漂亮的姑娘也附和着人群从车上走下来，探出脑袋问道：“有上山的路吗？”

老人哈哈大笑着说：“有啊，好几百条呢。我在这里已经住了二十二年了，还没有走过所有的路。”

他低下头，停顿了一下，说道："这附近有一个小公园，里面有一个既凉爽又舒适的地方。在炎热的夏天，我曾经一个人在里面散过步。"

"你看到远处的那只山狗了吗？"一个穿着呢子大衣还打着领带的年轻人大声叫起来。这句话吸引了刚才那位姑娘的眼球："在那里！"

"是，我看见了。"她也大叫起来。

年轻人显得极其兴奋地说："冬天马上就要来了，它们一定是在给自己贮存过冬的食物。"

司机们都出来了，站在山路边上看着，甚至还有些人拿出随身携带的照相机拍照。耽搁瞬间变成了一件愉悦的事。马丁内斯甚至还想起上次的洪水暴发：那个时候，道路完全被大水淹没，电线杆也没有逃脱被冲倒的命运。他的邻居们，有的聚在一起，抱怨着、议论着，有的却点上灯笼，在微弱的灯光下一起喝酒、聊天，还有一些人竟然聚集在一起烤东西吃。

究竟是什么东西把他们聚集在一起了呢？如果不是那呼啸的大风、不停暴发的洪水，或是交通阻塞，他们怎么会把看似宝贵的时间分配出来，停留在这里，一群人相互交谈呢？

这时，一个声音从旁边传了过来："好了，可以走了，道路畅通了！"

他停下了思绪，看了看表，已经过去了五十五分钟。他简直不敢相信，竟然耽搁了五十五分钟。奇怪的是，他竟然没有为此急得发疯。

汽车的发动机响了起来。他看见刚才那位年轻漂亮的姑娘，正把自己的一张名片递给发现天狗的那位小伙子。也许不久的将来，他们还会在一起聊天或是散步。

马丁内斯会意地笑了笑，从出租车旁经过时，向那位老司机挥了挥手。

"嗨！"他扭过头，"你说得很对，真是一个阳光明媚的早晨！"

心灵直通车： 生活中不是什么事情都是一帆风顺的。当你面对烦心的事情时，不妨及时地调整自己，转移一下注意力，做一些你认为比较轻松的事。也许，在后续的良好心情中，一切困难都称不上是困难，它们都迎刃而解了。

永远都坐前排

在观察的领域中，机遇只偏爱那种有准备的头脑。

——巴斯德

二十世纪三十年代，一位名叫玛格丽特的小姑娘生活在英国一座不知名的小城市里。

玛格丽特的父母对她的教育极其严格。父亲经常给她灌输这样的观点：做任何事情，都要做到最后，绝对不能松懈，要争第一，永远要走在别人前面，不能落后于人，即使在坐公共汽车时，也要永远坐在最前排。父亲从来不允许她说“我不行”“太难了”“我做不到”之类的话。

对年幼的玛格丽特来说，父亲的要求的确是太高了。有些事情，她真的做不到。但是，父亲的教育在后来的年月里得到了证实，父亲的教育方法是正确的。

玛格丽特现在无论做什么事情，都有一颗积

极向上的决心，对任何事情都充满信心，这正是因为从小受到父亲的“残酷”教育。无论是在学习上、生活上还是在工作中，她从来没有忘记过父亲的教导，总是抱着勇往直前的精神和必胜的信念，克服所有的困难，做好每一件事。

玛格丽特上大学时，修了一门拉丁文，课程要求在五年内必须学完。然而，她凭借着自己顽强的毅力，在一年内全部学完了。其实，玛格丽特不仅在学习方面出类拔萃，在体育、音乐、演讲以及其他方面，也都名列前茅。

当年，她就读的学校的校长给她的评价是：“玛格丽特绝对可以称得上是我校成立以来最优秀的学生之一，她总是充满自信、雄心勃勃，每件事情都做得非常出色。”

正因为如此，四十多年以后，英国乃至整个欧洲的政坛上才出现了一颗耀眼的明星，她连续四次被选为英国保守党的领袖。1979年，玛格丽特成为英国第一位女首相，雄踞英国政坛长达十一年之久。

她就是被世界媒体誉为“铁娘子”的玛格丽特•撒切尔夫人。

心灵直通车：“永远坐在最前排”是一种积极的人生态度。在这个世界上，想坐在前排的人有很多，但是，真正能够坐在最前排的人却没有多少。许多人之所以不能抢到最“前排”的位置，是因为他们没有信心。一位哲人曾经说过：做任何事情之前，你的态度决定了你的高度。“永远坐在最前排”不仅可以激发你追求成功的欲望，更重要的是，它还可以培养出人们追求成功的勇气。

大火后的启示

不要只因一次失败，就放弃你原来决心想要达到的目的。

——莎士比亚

1914年，发明电灯的伟大发明家爱迪生，拥有一间规模十分庞大的实验室。

在这间设备完善的实验室中，爱迪生每天孜孜不倦，认真发明各项新产品。但不幸的是，在某一个夜里，这间实验室突然起了一场大火。

由于实验室里存放了很多化学物品，一旦起火，将一发不可收拾。

当时，消防队调动了市内所有的消防车和消防人员。爱迪生实验室中的所有工作人员奋力抢救，再加上邻居们及热心人士的帮忙，但仍然无法阻止实验室大火的蔓延。

人们见火势越来越猛，正要放弃扑灭大火，眼睁睁地看着爱迪生努力了一辈子的成果被大火彻底烧毁时，爱迪生犹如大梦初醒一般，焦急地让他的儿子回到家里，叫来所有的人，让他们马上赶到火灾现场。

爱迪生的儿子迷惑地问："现在看来，大火已经无法扑灭了，就算全家人都赶来了，也是无济于事，又何必多此一举呢？"

爱迪生望着火场，一脸正色道："赶快把他们叫过来，来看看这场百年难得一见的大火！"

第二天，实验室的废墟上空冒着余烟，爱迪生满怀信心地告诉他的儿子和所有的工作人员："感谢上帝，昨天晚上的那场大火将我们过去犯过的所有错误烧尽了。我们将在这块土地上，重新修建一座更完善、设备更先进的实验室！"

心灵直通车：伟大的人物拥有伟大的思考模式。爱迪生在面对重大挫折时的态度，不仅是他赖以发明电灯的原动力，更是美国爱迪生公司延续至今，能够成为百年企业的坚硬基石，甚至也是伟大的发明家爱迪生留给世人最珍贵的启示。

坦然面对生活

我从来不记在辞典上已经印有的东西。我的记忆力是用来记忆书本上还没有的东西。

——爱因斯坦

米拉奇是一个乐观主义者。一天，凯特决定前去拜访他。

米拉奇高兴地接待了凯特，耐心地听她提问。

“假如你一个朋友也没有，你还会这么高兴吗？”凯特问。

“当然，我会高兴地想，幸好我没有的是朋友，而不是我自己。”

“假如你在走路，突然掉进了一个泥坑，出来后，你变成了一个脏兮兮的泥人，你还会这么高兴吗？”

“当然，我会高兴地想，幸好我掉进去的是一个泥坑，而不是无底洞。”

“假如在你被陌生人无缘无故地打了一顿之

后，你还会这么高兴吗？”

“当然，我会高兴地想，幸好我只是被他们打了一顿，而不是被他们杀害。”

“假如你在拔牙时，医生失误，将你的好牙拔下来，而没有把坏牙拔下来，你还会这么高兴吗？”

“当然，我会高兴地想，幸好他误拔下来的只是一颗牙，而不是我的五脏六腑。”

“假如你正在打瞌睡时，忽然有一个人在你耳旁用非常难听的嗓门唱歌，你还会高兴吗？”

“当然，我会高兴地想，幸好是一个人在这里嚎叫，而不是一匹凶狠的匹狼。”

“假如你马上就要失去生命了，你还会高兴吗？”

“当然，我会高兴地想，我终于可以高高兴兴地走完人生之路了，让我跟随着死神，高高兴兴地前去参加另一场盛宴吧。”

“这么说，生活中没有任何事情会让你觉得痛苦，难道你的生活永远都是由快乐组成的一连串的乐符吗？”

“是的，只要我愿意，我就永远会在生活中寻找到快乐，并且是发自内心的。悲伤和痛苦往往是不请自来，而快乐和幸福的感觉往往需要人们用善于发现的眼睛来寻找。”米拉奇快乐地说道。

心灵直通车：乐观主义者在遇到任何不如意的事情时，总是会做出一个更差的假设，让这个假设与事实相比，就会感觉到，原来事实是那么的美好。这种“自欺欺人”是一种独特的思维方式，可以让我们坦然面对生活中那些不如意的事情，从而不再怨天尤人。

使自己变得更好

谁妒忌别人，等于承认别人比自己强。

——约翰逊

在墨西哥一个贫穷的小村庄，住着一位名叫迪迈•特尔的农村人。他靠养猪来维持一家老少的温饱，养猪也是家里唯一的经济来源。

一天，一位政府官员来到了这座小村庄，当他看到迪迈养的猪群时，好奇地问道：“你平时是拿什么来喂猪的？”

迪迈•特尔说：“当然是把吃剩的饭菜给他们当食物啦！”

这位来村庄视察的政府官员是当地的卫生部部长，他认为，猪肉是要给所有的国民食用的，迪迈•特尔用剩饭剩菜来喂猪，很不卫生，也是对人民的不尊重。于是，卫生部部长对他进行了处罚。

一个月以后，村庄里又来了一位政府官员，也是来视察村庄的。当见到迪迈•特尔养的猪群时，他也十分好奇地问道："你平时拿什么来喂猪？"

由于迪迈•特尔上次被罚了，有过上次惨痛的教训后，他连忙说："我每天喂它们吃山珍海味，在我们全家人还没有吃饭之前，让猪先吃，等猪吃饱了，我们才开始吃！"

然而，令迪迈•特尔没有想到的是，这次前来视察的官员是当地的财政部部长。

当财政部部长听到这番话后，暴跳如雷。他认为，国家正在闹饥荒，而迪迈•特尔居然给猪准备的食物这么好，简直是在浪费国家的财产，没有考虑百姓的温饱。于是，财政部部长也对他进行了处罚。

迪迈•特尔被政府官员连续惩罚了两次，十分气愤。最后，他终于想出了一个两全齐美的好方法。

又过了一个月，村庄里又来了一位级别更高的政府官员——总理大臣。当总理大臣看到迪迈•特尔养的猪群时，好奇地问道："你平时是拿什么来喂猪的？"

这次，迪迈•特尔恐怕自己说错什么，便小心翼翼地说："我的猪吃剩饭剩菜不行，吃山珍海味也不对。现在，只要一到喂猪的时候，我就发给它们一百元钱，它们喜欢吃什么就自己去买什么。"

心灵直通车： 从一次次的挫败中，我们不仅获得了宝贵的经验，同时还学习到了金钱无法换来的应变能力，增强自己的智慧装备，来面对将来更大的逆境。在使事情变得更完美之前，必须让自己变得更好。在所有的错误中——无论错误是自己酿成的，还是别人的误会——学习改变心中的哲理，是确保明天我们会过得更好的重要启示。

杂乱的心

但凡人能想象到的事物，必定有人能将它实现。

——凡尔纳

著名作家葛雷哥莱•拜特森有一个非常聪明的女儿。一天，女儿来到他面前，问了一个问题：“爸爸，为什么所有的东西都是很容易被弄乱的呢？”

拜特森不解地反问道：“我的乖女儿，你所谓的‘乱’字是什么意思呢？”

女儿说：“我说的‘乱’是指东西没有被摆放整齐。你看看我的书桌，上面所有的东西都没有固定的位置，这是不是叫作‘乱’呢？昨天晚上，我花了很长的时间给它们安排好位置，将它们摆放整齐。但是，依然没有办法长时间地保持整洁有序，所以我说东西很容易被弄乱。”

拜特森听完女儿的解释后，说道：“那么，你所谓的‘整齐’是什么样子的呢？你现在把东西弄整齐，我看看。”

于是，女儿开始动手整理书桌，把所有的东西都按照原先设想好的位置摆放，然后说道：“爸爸，请看，现在我的书桌是不是很整齐呢？但是它们就是不能保持太久。”

拜特森笑了笑，问道：“如果我把这盒水彩笔往左边移动两英寸，你会有什么感觉呢？”

女儿回答说：“这样不好吧。如果挪了，书桌肯定又弄乱了，你最好让我好好保持书桌上的秩序，要不然，我会松懈的，书桌肯定会再次被弄乱的。”

拜特森又问道：“那么，如果我把你的铅笔从这边移到那边呢，你会有什么感觉？”

“那不是又把书桌面弄乱了吗？”女儿回答道。

“如果我把这本书打开呢？”拜特林继续问道。

“那样不是更乱了吗？”女儿再次答道。

这时，拜特森微笑着语重心长地对女儿说：“乖女儿，眼前看到的不见得都是真的。这并不是书桌上的东西很容易被弄乱，而是你心中对于‘乱’的定义太多了，可对于‘整齐’的定义却只有一个。”

心灵直通车：不要给自己定下太多的‘不顺心’的定义，因为这样，我们会在自己定下的概念中烦恼至极，无法发现生活中的乐趣。相反，我们应该为自己多定义一些使自己拥有好心情的事情，放弃一些严格、苛刻的条件，从而发现生活中的美好。

中学作业

能使愚蠢的人学会一点东西的，并不是言辞，而是厄运。

——德谟克里特

杰夫高中毕业二十年了，一天，他和高中同学们组织了一场联谊会。

在联谊会上，同学们请来了当时的班主任。班主任一直住在德斯小镇，同学们派专车把老人接了过来。

老人已年过古稀，头发已经全白了，手脚已经变得僵硬。全班同学按照当年教室的模样，重新布置了会场，要求所有的同学按照二十年前的座位坐好，并给老师搭建了一个小型的讲台，将班主任请到讲台前。

布置完会场后，同学们开始座谈。杰夫和同学们的谈话中都透露着对班主任的感激之情，感谢老师这么多年的精心栽培。

班主任听到同学们的话，一言不发，直到聚会即将结束时，老人站起来说道：“今天，大家把作业交上来吧。你们还记得当年，在毕业前我给大家上的最后一课吗？”

杰夫清楚地记得，那天的天气非常好，班主任让大家聚集在操场上，对同学们说：“这是我给大家上的最后一节课了。我布置一个作业，看起来简单，可做起来却不太容易。请同学们绕着这个五百米的操场跑两圈，并记下跑完的时间和速度，再把感受写下来。”说完，班主任就离开了。

二十年后的今天，在联谊会上，班主任说道：“那天，我离开操场后，在教室的走廊上观看了你们的完成情况。现在，二十年后的今天，我把大家的作业做一下点评。

“跑完两圈的有四个人，时间在十六分钟之内；一人在跑步过程中扭伤了脚；一人因为跑得太快而摔倒在地上；十五人跑完一圈后觉得太无聊而选择了放弃，到跑道旁聊天；剩下的同学觉得没有必要，根本就没有跑。”

听完班主任的点评，大家都非常吃惊，他们惊讶于老师居然能记得如此清楚，仿佛一下子看到了老师昔日在讲堂上的风采，纷纷鼓起掌来。

掌声落下后，老师继续说：“针对这份作业，我结合本人七十余年的人生经验，送给同学们四句话：其一，成功只垂青于有准备的人；其二，不捡身边的小蘑菇，也不会捡到大的蘑菇；其三，跑得虽然快，但更需要跑得稳；其四，有了起点，并不意味着一定会看到终点。你们现在都到了三十六岁左右的年纪，正处于人生的黄金阶段。现在，不是要对老师表达感激之情的时候，而是要多反省自己的人生作业。”

教室里顿时鸦雀无声。

心灵直通车： 对于成功者，人们只会关心他们的成功，却从来看不到他背后的平凡。只要我们认真面对生活，努力奋斗，从一件件小事做起，任何人都会取得成功。

买件红衣服穿

每代人都有权站在前辈的肩上，但他无权把手伸进前人的口袋。

——托马斯

众所周知，卡内基是美国的钢铁大王。

卡内基小的时候，家里很穷。一天，他在放学回家的路上，经过一个工地时，看见一位身穿华丽的衣服，看起来像老板一样的人，站在旁边指挥工地上的工人们干活。

“请问，你们这是在盖什么？”卡内基走上前去，好奇地问那位像老板一样的人。

“我们要在这里盖一座摩天大楼，并装修成一个百货公司，其他地方租给别的公司使用。”那人回答道。

“那么，我长大以后，要怎么做才能像你一样有本事呢？”卡内基羡慕地看着他，希望能从他那里学到一些成功之道。

“第一点，要勤劳，努力工作……”

“这个呀，我早就知道了，我父亲经常这么对我说。那第二点呢？”

“第二点，就是要买一件红衣服穿！”

年幼的卡内基一时有点摸不着头脑，满脸疑问地说：“这……这与成功有什么关系呢？”

“当然有关系了！”那人顺手指了指面前的那些工人，“你看，那些工人都是我的手下，但是，他们都穿着一模一样的蓝色衣服，所以，我一个也不认识……”

说完，他又将手指向其中一位正在干活的工人，说道：“但是，你看那个穿红色衣服的工人，我注意他很长时间了，他干活的效率虽然与其他人没有什么区别，但我认识他，所以，过几天我就会聘请他当我的助手。”

心灵直通车： 成功并不是只需要努力就能得到的，这往往也需要投机。勤奋、认真地工作，只是取得成功的一项基本条件，其次，还必须要有不同于他人的智慧和思想。

买牙膏

若不是笔帮助了剑，凯撒大帝早就被世人遗忘了。

——沃思

西德尼是个旅行爱好者。

一次，西德尼在旅途中发现自己忘记带牙膏了，只好去买一支新的。旅店门前的警卫员告诉他，附近有一家小商店，东西很齐全，那里就有卖牙膏的。

当西德尼走进商店后，一位看起来很年轻的、颇有绅士风度的先生向他询问需要的东西。但是，当他听到西德尼的回答后，他紧皱眉头，仔细想了想，说道："请跟我来。"紧接着，他把西德尼带到一个小角落，低声问道："是您自己用吗？"

"是的，"西德尼痛快地回答，并补充道，"当然，我的妻子和孩子们也都会使用。"

"啊？"销售员吃惊地问道，"这么说，您需要的是一管多用途的牙膏啊？”

“也不能这么说，”西德尼反对道，“我只是需要一管普通的牙膏。”

然而，绅士好像根本不听西德尼的话，继续说道：“好吧，请看，我们这里有四十多种多用途的家庭型牙膏。”这时，他停顿了一下，向西德尼投来试探性的目光，“请问，您用的是牙刷是电动的还是老式手动的呢？”

西德尼感到一丝羞愧：“我们一家人都用老式的手动牙刷。”

这时，年轻人一下子变得十分傲气，仔细打量着西德尼，然后把他带到柜台前，说：“这是用于老式手动牙刷的三十二种牙膏目录。”

“随便给我拿一只吧。”西德尼有些不耐烦地说，他想把事情简化一些。

店主从厚厚的眼镜片后面死死地盯着西德尼。西德尼立刻觉得自己说的话有些鲁莽。

店主拿起一管牙膏问道：“您一定是想买一种既能清洁牙齿，又能使口腔清新的牙膏吧？”

“是的，就是这样。”西德尼迫不及待地回答道，同时伸手去拿牙膏。

但是，售货员马上又把手缩了回去，把牙膏藏在身后，气愤地说：“但是，这种牙膏不含增白剂！”

“什么是增白剂？”

“增白剂”，他解释道，“就是可以使牙齿变得像白雪一般晶莹的物质。用这种牙膏刷一次牙，可保持十二个小时，使用了它，在黑暗处，三米以外的地方都能看见您的牙齿。”

听到这些，西德尼开始幻想着妻子和他在房间里昏暗的灯光下，那相视一笑的动人场面，这使他产生了全部买下来的欲望。

“好吧，我就买一种含有增白剂的牙膏吧。”西德尼实在是懒得再和他继续谈论下去了。

“你是想要含有新型牙龈强壮剂的Z0068呢，还是不含有强壮剂的呢？”

“Z0068。”西德尼迅速回答道。

“那肯定也要含氟的吧？”他继续问。

“当然。”

“这种牙膏的包装图案有条纹的和苏格兰式花格子的。”他向后退了两步，上下打量着西德尼，“您的身材消瘦，我建议您选用苏格兰式花格图案的。”

“好吧，就请给我一支红白格子的吧。”西德尼叹了口气。

“但是，我没有忘记，您说过您的夫人也要用这种牙膏，”他又补充道，“请告诉我，您夫人的头发是金黄色的还是棕色的？”

“金黄色的。”

“如果是这样，我建议您选购蓝色格子的。”他郑重其事地说。

西德尼接受了他的建议，但是没有一丝的兴奋。

“这里有四种规格的牙膏，”他又说，“家庭型、经济型、标准型和微型。”

“就给我旅行用的微型牙膏吧。”西德尼不假思索地回答道。

销售员转过身，从货架上取下了六种微型牙膏。

西德尼已经无法接受销售员的步步追问了，一步蹿到门边，在逃走前，他听见这家伙还在问：“您是否能告诉我，您是从哪个国家来的呢？因为我们有……”

幸好，在那关键的瞬间，商店的门自动关上了。

心灵直通车： 商人做生意要精明，这点我们无可非议。但必须要弄清楚，精明之道何在。只有合适的方法才能以最快的速度取得成效。做任何事情都不要南辕北辙，否则，只会让自己得不偿失。

一现的光芒

我发现生活是令人激动的事情，尤其是为别人活着时。

——海伦·凯勒

玛丽是个只有十四岁的小女孩，是家里唯一的孩子。

三天前，她还在练习，争取当一名合格的拉拉队队长。但是，她突然得了脑膜炎。虽然当时的医学有着超高的先进技术和医疗水平，但是，玛丽的脑子已经失去了生命。她的母亲和她的外婆，坐在她的床沿边，静静地等待着她咽气。

负责玛丽的护士和医生艾德把病床的四周拉上厚厚的帘幕，艾德把呼吸机关掉。他们守在房间里。母亲抚摸着她的头，外婆捉住她的双手。艾德则默默地看着她们和墙上的钟表。由于一些原因，艾德的眼泪开始如泉水般滚滚而下。

这么多年来，艾德亲眼目睹过许多死亡，虽然他总是在适当的时候，用适当的语言表示出对人们的同情，但通常不会流出眼泪。可是现在，艾德发现自己正在为那个即将消失的生命而哭泣，为那位母亲即将体验到的无法用语言来形容的悲伤和寂寞而哭泣，为那位外婆失去了孙女而哭泣。但同时，艾德也是为自己的孩子——两个健康的大男孩——而哭泣。

看着玛丽死去时，艾德也哀悼他的孩子将来会在某一天逃脱不了死神的召唤。现在，他把他们的死亡牢牢地铭记在了心里。

垂死的玛丽在被切断呼吸机时，生命是极不情愿离开的。但女孩的呼吸节奏却在平和中慢慢消逝。她从生到死的转变过程，是那么的安静，没有干扰到任何人。

后来，艾德在驾车回家的途中，想到了自己的孩子。他们在前一天晚上要为艾德摘山莓。艾德的妻子曾经告诉过他们，艾德喜欢在早餐时吃新鲜的山莓。对于艾德来说，没有什么比山莓更适合当早点的了，但像所有珍贵的东西一样，也没有什么比这些更短暂的了。

艾德决定停下来，到商场里买一副网球拍和一盒网球，以答谢他们，并庆祝他们仍然健康活泼地生活在他的身边。

艾德的家在乡下，周围有很多生物，因此，死亡在那里也是屡见不鲜的，而对于他们饲养的金丝雀来说，更是如此。

他们饲养金丝雀，是因为他们喜欢鸟儿的歌声和美丽的外表，而不是因为它们好养活。艾德一家人有个习惯：他们在一只鸟死了以后，就会假装把它变成天上的星星。他们走到院子的一个角落里，把小鸟的身躯轻轻地抛向空中，让它落在墙外的麦田里。鸟儿就会无声无息地消失在麦田里。

在玛丽去世的那天，艾德一家人在吃晚饭时，他们谈到了她。他们那三岁的孩子问道："是不是已经把她变成了天上的星星？"

艾德告诉儿子，他已经把她变成了星星，等睡觉的时候，就会指给他看。

当天夜里，艾德梦见玛丽的母亲和艾德把玛丽带到了院子的一个角落里，然后轻轻地摇着她，把她抛到了墙外的麦田里，就像抛一只死去的金丝雀一样，她在半空中无声无息地消失了。

艾德在睡梦中霍然惊醒，直挺挺地躺在床上，然后他走进儿子的房间，轻轻地亲吻着他们的额头，为他们盖好被子。艾德万分感激玛丽，是她的死亡告诉了艾德要如何生活。

心灵直通车： 生命是一个周期，有开始也有结束，不可能像天上的星星一样，是永恒不变的。因此，生命是那么的珍贵。这位父亲从中领悟到了，在孩子们有限的生命中有着无限的爱，是那么的可贵。